DEUTSCHE
DEMOKRATISCHE
REPUBLIK
DEUTSCHE AKADEMIE
DER
LANDWIRTSCHAFTS-
WISSENSCHAFTEN
ZU BERLIN

SITZUNGSBERICHTE

1968 · Band XVII · Heft 4

K. GROSCHOFF, H. WIRSIG,
G. JANNERMANN, K.-D. GUSSEK

Fragen der sozialistischen Intensivierung der Landwirtschaft (I)

Mit 2 Abbildungen

AKADEMIE-VERLAG · BERLIN · 1969

Gehalten vor der Sektion Agrarökonomik
der Deutschen Akademie der Landwirtschaftswissenschaften zu Berlin
am 18. September 1967

Herausgeber: Deutsche Demokratische Republik
Deutsche Akademie der Landwirtschaftswissenschaften zu Berlin
Erschienen im Akademie-Verlag GmbH, 108 Berlin, Leipziger Straße 3–4

Lizenznummer: 202 · 100/577/69
Herstellung: IV/2/14 VEB Werkdruck, 445 Gräfenhainichen · 3221
Bestellnummer: 2141/17/4. ES 22 A, 22 B
4.–

Inhalt

GROSCHOFF, K.; WIRSIG, H.: Zur Stellung der Rationalisierung und Intensivierung im Reproduktionsprozeß 5

JANNERMANN, G.: Zu theoretischen Problemen der Intensivierung der Landwirtschaft in den sozialistischen Ländern 21

GUSSEK, K.-D.: Kritik methodologischer Grundlagen der bürgerlichen landwirtschaftlichen Betriebslehre aus dem Bereich der Intensitätstheorie 37

Kurt GROSCHOFF und Hermann WIRSIG

Zur Stellung der Rationalisierung und Intensivierung im Reproduktionsprozeß

Seit jeher schenkt die Sozialistische Einheitspartei Deutschlands in ihren Dokumenten und der praktischen Wirtschaftspolitik der Entwicklung der Reproduktion, ihrer Erweiterung und effektivsten Gestaltung größte Aufmerksamkeit.

In diesem Zusammenhang ist auch, als die Aufgabe gestellt wurde, den Sozialismus umfassend aufzubauen und das entwickelte gesellschaftliche System des Sozialismus zu schaffen, eindringlich auf die weitere Intensivierung der landwirtschaftlichen Produktion und die komplexe sozialistische Rationalisierung orientiert worden. Auch vor dem Zeitpunkt dieser eindeutigen Orientierung wurde in der DDR die landwirtschaftliche Produktion weiter intensiviert und eine Rationalisierung in der Volkswirtschaft betrieben, denn diese Prozesse sind untrennbar mit der erweiterten Reproduktion verbunden. Mit der neuen Etappe gesellschaftlicher Entwicklung nach dem Sieg der sozialistischen Produktionsverhältnisse in der DDR ergaben sich höhere Anforderungen hinsichtlich des Tempos, der Maßstäbe und der Effektivität der erweiterten sozialistischen Reproduktion und damit auch hinsichtlich der Intensivierung der landwirtschaftlichen Produktion und der Rationalisierung in der Volkswirtschaft. Letzteren kam als wichtigen Wegen der erweiterten sozialistischen Reproduktion große aktuelle Bedeutung zu. Die sozialistische Intensivierung der Landwirtschaft und die sozialistische Rationalisierung sind – wie die erweiterte sozialistische Reproduktion in ihrer Gesamtheit – mit Steigerung der Produktion, Erhöhung der Effektivität der gesellschaftlichen Arbeit und Vergrößerung des Nationaleinkommens verbunden. Wenn es im Reproduktionsprozeß der gegenwärtigen Etappe der gesellschaftlichen Entwicklung in der DDR besonders darauf ankommt, einen maximalen Zuwachs an verfügbarem Nationaleinkommen zu erreichen, so gilt diese Forderung auch für die Gestaltung der weiteren Intensivierung der landwirtschaftlichen Produktion und für die Rationalisierung.

Aufgabe dieses Vortrages ist es, die Stellung der Rationalisierung und Intensivierung im sozialistischen Reproduktionsprozeß zu umreißen. Das Referat wurde in Gemeinschaftsarbeit mit Herrn WIRSIG, Aspirant an unserem Institut, ausgearbeitet und ist als unser gemeinsamer Vortrag anzusehen. Er gehört zur Gruppe der Vorträge über theoretische Probleme der Intensivierung. Daher dürfte es verständlich sein, daß die Ausführungen auf die theoretischen Zusammenhänge gerichtet sind. Es wird auch um Verständnis dafür gebeten, daß aus Zeitgründen die Ausführungen zum Teil thesenhaft bleiben.

Um die Stellung der Rationalisierung und der Intensivierung im sozialistischen Reproduktionsprozeß zu zeigen, ist es notwendig, zunächst einige allgemeine Merkmale der Reproduktion anzuführen und dabei teilweise aus dem Zusammenhang heraus bereits auf Rationalisierung und Intensivierung vorzugreifen.

Die Reproduktion ist eine umfassende Einheit vielseitiger, zusammenhängender und sich teilweise wechselseitig bedingender gesellschaftlicher Vorgänge.

Der Reproduktionsprozeß insgesamt ist sowohl Reproduktion der Produktivkräfte als auch der Produktionsverhältnisse, er ist Reproduktion des Gesamtprodukts, der Produktions- und Zirkulationsfonds. Der Reproduktionsprozeß ist stoffliche und wertmäßige Reproduktion, Einheit von Arbeits- und Wertbildungsprozeß.

Der Reproduktionsprozeß umfaßt die einfache und die erweiterte Reproduktion. Für die Volkswirtschaft der DDR ist die erweiterte Reproduktion eine Gesetzmäßigkeit. Als Tendenz wirkt sich die Gesetzmäßigkeit auf alle Elemente und Zusammenhänge des Reproduktionsprozesses aus. Da hierbei auch gegenläufige Bewegungen bei einzelnen Elementen und Zusammenhängen aus vielfältigen Ursachen auftreten können und auftreten, bedarf es eines eindeutigen Kriteriums, ob eine erweiterte Reproduktion vollzogen wurde. Dieses Kriterium ist die Zunahme des Bruttoproduktes und des Nettoproduktes, wobei beide, um einen Gesamtausdruck der erweiterten Reproduktion zu ermöglichen, in der Wertform betrachtet werden.

Die Hauptquelle der erweiterten Reproduktion ist die Akkumulation. Die erweiterte Reproduktion schafft zugleich Voraussetzungen für eine steigende Akkumulation, indem sowohl die materiell-technischen Grundlagen der Produktion vervollkommnet und die Voraussetzungen für eine entsprechende Qualifizierung der Arbeitskräfte geschaffen werden, als auch die Produktionsverhältnisse eine Entwicklung erfahren, die eine immer bessere Nutzung aller Elemente des Produktionsprozesses gestatten. Seine Effektivität wird damit erhöht.

Einfache Reproduktion, ihrem Wesen nach unmittelbare Wiederherstellung der gleichen Ausgangsbedingungen des Produktionsprozesses und damit auch Ersatz verbrauchter Elemente des Produktionsprozesses sowie erweiterte Reproduktion vollziehen sich als ein miteinander verflochtener und ineinandergreifender Vorgang. Die Finanzierung des Ersatzes verbrauchter Grundmittel wird aus der Amortisation bestritten. Wird dieser Prozeß nur einseitig als eine Bewegung bestimmter Quanta Wert gesehen, so wird damit die aktive Rolle des Ersatzes, die Wirksamkeit der einfachen Reproduktion als erweiterte, nicht erfaßt.

1. Die durch Amortisation freigesetzten Wertteile können bereits vor dem Ausscheiden des betreffenden Grundmittels an anderer Stelle im Produktionsprozeß wieder wirksam sein. Diese verselbständigten Wertteile bewirken, daß die Menge der Produktionsmittel und letztlich auch das Gesamtprodukt wächst. Diesen Vorgang der einfachen Reproduktion kann man im Naturalausdruck der vergrößerten Produktionsmittelmenge sichtbar machen. In seiner Größe und Funktion wird er jedoch viel präziser durch die Erfassung der Grundmittel zu Zeit- und Bruttowerten erkennbar. In der Bewegung der Gesamtheit des Brutto-

und Zeitwertes der Grundmittel der jeweiligen Wirtschaftseinheit und der dabei sichtbaren Differenz erhält jener Vorgang einen zusammenfassenden Ausdruck. Bei der Analyse und Wertung ökonomischer Prozesse sollten Grundmittel nicht nur zu ihren Zeit-, sondern auch zu ihren Bruttowerten erfaßt werden. Angesichts der Wirksamkeit der einfachen Reproduktion als erweiterte, erachten wir die Bruttowerte der Grundmittel als wichtiges Element bei der Berechnung des Gesamtaufwandes an gesellschaftlicher Arbeit je ha LN hinsichtlich der Intensivierung der Landwirtschaft, die ein Weg der erweiterten Reproduktion ist. Die durch Amortisation freigesetzten Mittel im landwirtschaftlichen Betrieb sind eine Quelle der Intensivierung der Produktion.

2. Die auf der Basis der Amortisation zum Einsatz gelangenden Produktionsmittel können bei gleicher Wertsumme wie die verschlissenen von höherer Wirksamkeit sein. Das ist sogar die Regel, denn auf diesem Wege wird wissenschaftlich-technischer Fortschritt für die Produktion wirksam. Wertmäßig erfolgt nur einfache Reproduktion. Die höhere Wirksamkeit der Produktionsmittel äußert sich jedoch in der Steigerung der Gesamtproduktion, der Senkung der Kosten je Produkteinheit und im Anstieg des Nettoprodukts. Einfache Reproduktion wirkt hierbei wiederum als erweiterte. Der Ersatz von Produktionsmitteln einer bestimmten Wertsumme durch wirksamere Produktionsmittel bei gleicher Wertsumme zeigt sich sowohl als Vorgang im Intensivierungsprozeß – der Produktionsstrom je ha LN wächst, weil die je ha eingesetzte gesellschaftliche Arbeit wirksamer geworden ist –, er zeigt sich auch in der Rationalisierung – der Verbrauch an Arbeit und damit die Kosten je Produktionseinheit sinken infolge der höheren Wirksamkeit des Produktionsmittelersatzes. Intensivierung und Rationalisierung vollziehen sich nicht neben, sondern unter Einschluß der Vorgänge der einfachen Reproduktion.

Die erweiterte Reproduktion vollzieht sich bekanntlich in zwei Formen: als intensiv erweiterte oder extensiv erweiterte Reproduktion. Sowohl die extensiv erweiterte als auch die intensiv erweiterte Reproduktion führen zu einem größeren Brutto- und Nettoprodukt. Am Zuwachs des Brutto- wie auch des Nettoprodukts kann nicht erkannt werden, in welcher der beiden Formen die erweiterte Reproduktion vollzogen wurde, bzw. in welchem Maße beide Anteil hatten, da beide in einem größeren Quantum Gebrauchswert und auch Wert ihren Niederschlag finden.

Unseres Erachtens ist das Kriterium für eine Unterscheidung beider Formen der erweiterten Reproduktion inhaltlich das, was MARX (1953) als organische Zusammensetzung des Kapitals bezeichnete – „die Wertzusammensetzung des Kapitals, insofern sie durch seine technische Zusammensetzung bestimmt wird und deren Änderungen widerspiegelt".

Anders ausgedrückt, um nicht den Begriff „Kapital" zu verwenden, könnte man sagen, die organische Zusammensetzung bezeichnet das wissenschaftlich-technische Niveau des Produktionsprozesses, wie es sich in der Zusammensetzung von Produktionsmitteln und Arbeitskraft charakterisiert und sich wertmäßig als Verhältnis von vergegenständlichter und lebendiger Arbeit niederschlägt.

Extensiv erweiterte Reproduktion bedeutet eine Ausdehnung des Produktionsprozesses auf dem gleichen, d. h. bereits vorhandenen wissenschaftlich-technischen Niveau. Ein entscheidendes Merkmal dieser Form der erweiterten Reproduktion ist daher das im wesentlichen gleichbleibende Verhältnis zwischen lebendiger und vergegenständlichter Arbeit im Produktionsprozeß. Für diese Form der erweiterten Reproduktion bedarf es aber nicht nur zusätzlicher vergegenständlichter Arbeit, sondern es ist auch absolut mehr lebendige Arbeit erforderlich.

Intensiv erweiterte Reproduktion – ihrem Wesen nach Erhöhung der Wirksamkeit der Elemente des Produktionsprozesses durch Verbesserung des wissenschaftlich-technischen Niveaus – ist mit einem relativen Absinken des Anteils der lebendigen Arbeit an der Gesamtarbeit verbunden.

Das Kriterium der intensiv erweiterten Reproduktion kann somit in der Erweiterung des Verhältnisses zwischen lebendiger und vergegenständlichter Arbeit im Produktionsprozeß gesehen werden.

Intensiv und extensiv erweiterte Reproduktion sind auf vielfältige Weise miteinander verbunden. Sie vollziehen sich meist gleichzeitig – verteilt auf verschiedene Teile des Betriebes oder der Volkswirtschaft, sind aber auch in einem Objekt miteinander verknüpft.

Da in einem Betrieb oder in der Volkswirtschaft jede Verbesserung in der wissenschaftlich-technischen Grundlage eines Produktionsprozesses – und sei sie noch so geringfügig – auch bei gleichzeitiger umfangreicher extensiv erweiterter Reproduktion an anderer Stelle des Betriebes zur Erweiterung des Verhältnisses zwischen lebendiger und vergegenständlichter Arbeit für den gesamten Betrieb führt, genügt es bei der Anwendung des oben genannten Kriteriums nicht, nur die Tatsache der Erweiterung dieses Verhältnisses zu sehen.

Es ist durch weitere Analyse zu bestimmen, ob es sich für den Gesamtbetrieb um eine vorwiegend intensiv oder vorwiegend extensiv erweiterte Reproduktion handelt. In diesem Zusammenhang sei noch auf folgendes Phänomen hingewiesen: Wird beispielsweise in einem Betrieb ein Produktionszweig ausgedehnt, ohne daß dabei eine Veränderung der technischen Grundlage der Produktion erfolgt, so erscheint dieser Vorgang, von der Ebene dieses Zweiges gesehen, als extensiv erweiterte Reproduktion. Ist diese Ausdehnung in einem Zweig mit höherer organischer Zusammensetzung erfolgt, während jene niedrigerer organischer Zusammensetzung im Umfang unverändert bleiben oder eingeschränkt werden, so erscheint dieser Vorgang insgesamt auf der Ebene des Gesamtbetriebes als intensiv erweiterte Reproduktion.

Es zeigt sich, daß eine rein quantitative Erweiterung von Produktionszweigen mit hoher organischer Zusammensetzung – von der Ebene dieses einzelnen Zweiges gesehen eine extensiv erweiterte Reproduktion – im Betriebsmaßstab zugleich intensiv erweiterte Reproduktion ist. Was auf einer Ebene extensiv erweiterte Reproduktion ist, kann demzufolge, auf einer anderen Ebene betrachtet, intensiv erweiterte Reproduktion sein. Entscheidend ist immer die Bezugsebene.

In welcher Proportion intensiv und extensiv erweiterte Reproduktion an der gesamten erweiterten Reproduktion Anteil hatten, ist, wie bereits gesagt, nicht am gewachsenen Brutto- und Nettoprodukt und auch nicht direkt an der Erweiterung des Verhältnisses von vergegenständlichter und lebendiger Arbeit abzulesen. Das Ausmaß dieser Erweiterung ergibt sich aus der Gesamtheit aller Vorgänge der erweiterten Reproduktion in ihren beiden Formen. Es wäre daher auch falsch, aus einer Erweiterung des Verhältnisses zwischen vergegenständlichter und lebendiger Arbeit im Prozeß der Intensivierung der landwirtschaftlichen Produktion unmittelbar zu schließen, daß sich hierbei erweiterte Reproduktion nur in Form der intensiv erweiterten Reproduktion vollzogen habe. Auf diesem Wege gelangt man sehr leicht zu dem falschen Schluß, daß Intensivierung der landwirtschaftlichen Produktion schlechthin identisch sei mit intensiv erweiterter Reproduktion, daß sie nur eine auf die Landwirtschaft bezogene spezifische Bezeichnung für die e i n e Form der erweiterten Reproduktion sei.

Die intensiv erweiterte Reproduktion als die Form der erweiterten Reproduktion mit der größten progressiven Wirkung auf den gesellschaftlichen Fortschritt erlangt im Prozeß der Schaffung des ökonomischen Systems des Sozialismus und im Prozeß der wissenschaftlich-technischen Revolution ein größeres Gewicht als je zuvor. Der innere Zusammenhang und die entsprechend der neuen Entwicklungsbedingungen unserer Volkswirtschaft erforderliche Gewichtung zwischen intensiver und extensiver erweiterter Reproduktion wurde in den Dokumenten der SED treffend durch die Forderung nach „vorwiegend“ intensiv erweiterter Reproduktion zum Ausdruck gebracht. Das gilt nicht nur für die Volkswirtschaft insgesamt, sondern ebenso für jeden Betrieb.

Blickpunkt bei der erweiterten Reproduktion ist der Gesamtprozeß. Die erweiterte Reproduktion vollzieht sich nicht nur an Elementen des Produktionsprozesses, sondern vor allem im Wirken dieser Elemente, in der Gesamtheit des Prozesses, in dem das Brutto- und Nettoprodukt jeder Wirtschaftseinheit als Glied der Volkswirtschaft insgesamt entstehen.

Der Betrieb und die Volkswirtschaft sind ökonomische Systeme unterschiedlichen Ranges, für die die sozialistische erweiterte Reproduktion Gesetzmäßigkeit ist. In ihnen zeigt sich, inwieweit es gelungen ist, diese Gesetzmäßigkeit bewußt zu realisieren und dabei ein gewolltes Ergebnis zu erreichen. Auch in anderen ökonomischen Systemen, als sie der Betrieb und die Volkswirtschaft insgesamt darstellen, muß, sofern diese Systeme als ökonomisch und juristisch selbständige Einheiten auf der Grundlage der wirtschaftlichen Rechnungsführung wirksam sind und anderen Einheiten im Reproduktionsprozeß gegenübertreten, wie beispielsweise die VVB, die erweiterte Reproduktion als Gesetzmäßigkeit realisiert, die Realisierung sichtbar gemacht und kontrolliert werden. Was im Zusammenhang mit der gestellten Thematik interessiert, ist der Betrieb, konkret der landwirtschaftliche Betrieb. Als Tendenz wirkt die Gesetzmäßigkeit der erweiterten Reproduktion in allen Teilen des Betriebes. Sie wird jedoch – wie die Intensivierung der landwirtschaftlichen Produktion – nicht in allen Teilen des Betriebes, jeder für sich betrachtet, ständig realisiert.

Das wird besonders deutlich bei strukturellen Veränderungen der Betriebsorganisation, wie sie im Zusammenhang mit der Spezialisierung der Betriebe auftreten. Dabei kommt es zeitweilig in einzelnen Teilen des Betriebes (Betriebszweigen) nicht nur zu keiner Erweiterung, sondern zu Einschränkungen; es kommt darüber hinaus zur völligen Ausgliederung und Verlagerung von Betriebszweigen in andere Betriebe, um wiederum andere Zweige im Betrieb ausdehnen zu können.

Die Reproduktion ist gewissermaßen auf viele einzelne Punkte im Betrieb verteilt. Im Betrieb, der einen Knotenpunkt in der Vielseitigkeit und Vielschichtigkeit des Reproduktionsprozesses darstellt, vollzieht sich eine Summierung der Teilergebnisse. Gleiches gilt für die bereits genannten Systeme anderer Ordnung.

In diesen Knotenpunkten muß sich erweisen, daß in entsprechendem Umfang erweitert reproduziert wurde, daß die Gesetzmäßigkeiten erfüllt wurden.

Bei Analysen des Reproduktionsprozesses im Betrieb gilt es zu berücksichtigen, daß nur auf dieser Ebene klar erkennbar ist, ob und mit welchem Ergebnis dieser Prozeß realisiert wurde. Wertungen der Reproduktion besitzen daher vor allem Aussagekraft, wenn sie sich auf die bereits genannten Bezugsebenen beziehen. Das trifft in gleicher Weise für die Intensivierung und Rationalisierung zu.

Es ist jedoch auch eine Betrachtung der Reproduktion, abweichend von jenen Bezugsebenen, z. B. für einzelne Teile des Betriebes sowie auch für einzelne Elemente des Produktionsprozesses möglich. Die Aussagemöglichkeit ist entsprechend beschränkt, vor allem ist dabei keine Aussage darüber möglich, ob die Gesetzmäßigkeit der erweiterten Reproduktion in der betreffenden ökonomischen und juristisch selbständigen Wirtschaftseinheit verwirklicht wurde. Ähnliches gilt auch für eine Betrachtung, Messung der Wertung der Intensivierung der landwirtschaftlichen Produktion owie der Rationalisierung.

Die sozialistische Rationalisierung durchdringt den gesamten Reproduktionsprozeß in allen seinen Phasen. „Komplexe sozialistische Rationalisierung ist die ökonomisch effektive Gestaltung aller im Betrieb, Industriezweig, Territorium oder in der ganzen Volkswirtschaft zusammenhängenden technischen, technologischen, organisatorischen und ökonomischen Prozesse und Produktionssysteme, die über Zweige und Betriebe hinausgehen“, heißt es in den Thesen zur Durchsetzung der komplexen sozialistischen Rationalisierung.[1]

Der Wirkungsbereich der Rationalisierung ist umfassender als der der Intensivierung der landwirtschaftlichen Produktion.

Auch die in den Bereichen außerhalb der unmittelbaren Produktion (Produktionsprozeß in engerem Sinne) durch die Rationalisierung erzielten ökonomischen Effekte werden direkt oder indirekt im Produktions- bzw. Reproduktionsprozeß wirksam und auf der Ebene des Betriebes bzw. der Volkswirtschaft insgesamt sichtbar.

[1] Vgl. Thesen zur Durchsetzung der komplexen sozialistischen Rationalisierung und Standardisierung, Beilage Neuer Weg Nr. 17/1966. S. 4

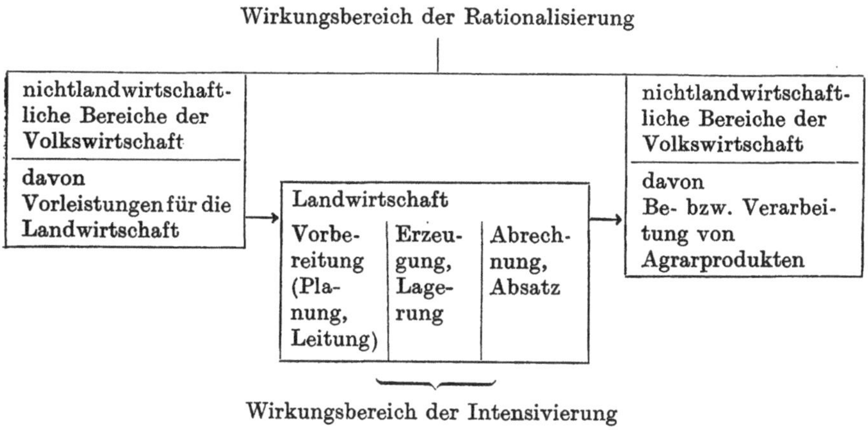

Abb. 1: Der Wirkungsbereich der komplexen sozialistischen Rationalisierung und der sozialistischen Intensivierung im Reproduktionsprozeß

Die sozialistische Rationalisierung zielt in der Hauptsache auf die Schaffung eines größeren Nettoprodukts ab. Das wird durch die Erweiterung der Spanne zwischen dem Gesamtprodukt und dem Verbrauch an vergegenständlichter und lebendiger Arbeit vermittels Senkung des Verbrauchs[2] je Erzeugungseinheit erreicht. Mit anderen Worten heißt das: Rationalisieren muß immer den Verbrauch an gesellschaftlicher Arbeit je Erzeugungseinheit senken, sonst kann von Rationalisierung nicht die Rede sein.

Mit der Rationalisierung in der sozialistischen Wirtschaft streben wir aber auch ständig nach der Vergrößerung des Gesamtprodukts. Die sozialistische Rationalisierung erweitert auch auf diesem Wege das Nettoprodukt, die Quelle der Akkumulation und erhöht die Möglichkeiten der erweiterten Reproduktion.

In den sozialistischen Landwirtschaftsbetrieben geht es um eine Vergrößerung des Produktionsstromes bei gleichzeitiger Erhöhung der Wirksamkeit der eingesetzten gesellschaftlichen Arbeit und damit um eine bedeutende und ständige Vergrößerung des Nettoprodukts insbesondere des Produktes für die Gesellschaft (verfügbares Nationaleinkommen). Das erfordert intensiv erweiterte Reproduktion, also Erweiterung der Produktion bei gleichzeitiger Verbesserung ihres wissenschaftlich-technischen Niveaus.

Sozialistische Rationalisierung ist inhaltlich intensiv erweiterte Reproduktion. Eine Vergrößerung der Spanne zwischen Gesamtprodukt und Verbrauch bei sinkendem Gesamtprodukt – ein Vorgang, der ebenfalls zu einer Vergrößerung des Nettoprodukts, insbesondere des Mehrprodukts führen kann – ist ein Weg der Gewinnerhöhung, wie er zeitweilig in kapitalistischen Betrieben beschritten

[2] Bei der Bewegung des Verbrauchs ist der Vorschuß als gesellschaftlicher Aufwand nicht enthalten. Nur wenn eine entsprechende Verzinsung des Vorschusses erfolgt, könnte im Verbrauch die Höhe des Fondsvorschusses mit summiert werden.

wird. Dieser Weg, der bei der kapitalistischen Rationalisierung möglich ist, stellt jedoch keine praktikable Lösung im sozialistischen Betrieb dar, weil er der Gesetzmäßigkeit der sozialistischen erweiterten Reproduktion widerspricht.

Die Rationalisierung richtet sich ständig darauf, auch die Gesamtsumme des Verbrauchs möglichst gering zu halten. Das ist eine entscheidende Bedingung für das Sinken des Verbrauchs je Erzeugniseinheit. Rationalisierung muß jedoch nicht identisch sein mit einem absoluten Rückgang des Verbrauchs in seiner Summe. Der Gesamtverbrauch wird nur relativ zur Größe des Gesamtprodukts verringert.

Die Bewegung des Gesamtverbrauchs hängt von der Art der Rationalisierungsmaßnahmen ab. Sie hängt wesentlich davon ab, in welchem Maße die Rationalisierung ein Anwachsen des Gesamtproduktes bewirkt. Nicht selten ist die Erreichung des Rationalisierungseffektes ohne eine bedeutende Steigerung der Produktion überhaupt unmöglich. Unter den Bedingungen in der DDR in der gegenwärtigen Etappe der gesellschaftlichen Entwicklung kommt vor allem jenen Rationalisierungsmaßnahmen größte Bedeutung zu, die bei Verringerung des Arbeitskräftebedarfs, höherer Auslastung der Grundmittel und Verminderung des Materialverbrauchs je Produkteinheit ein Wachstum der Produktion bewirken. Dabei haben Rationalisierungsmaßnahmen, die zu einer Erhöhung der Konzentration und Spezialisierung der Produktion führen und insbesondere auf dem Wege der Entwicklung von Kooperationsbeziehungen erfolgen, sowie die Einführung höherentwickelter Produktionsverfahren die größte Wirksamkeit.

Die Erreichung des Hauptzieles der Rationalisierung – Vergrößerung des Nettoprodukts, insbesondere des Produktes für die Gesellschaft – kann sowohl mehr und wirksamere Grundmittel bzw. vermehrten Materialeinsatz erfordern, was, soweit es den Bereich der landwirtschaftlichen Produktion betrifft, unmittelbar als weitere Konzentration von Arbeit je Bodenteil und damit als Intensivierung erscheint. Die einzelnen Rationalisierungsmaßnahmen der Betriebe können auch direkt zu einer Verringerung des Vorschusses und laufenden Aufwandes an vergegenständlichter und lebendiger Arbeit für die bisherige Produktion führen. Da im letzteren Falle freigewordene Arbeit fast immer an anderer Stelle des landwirtschaftlichen Betriebes wieder zum Einsatz gelangt, z. B. für andere Rationalisierungsmaßnahmen, die einen größeren Einsatz von Arbeit erfordern, bleibt der Grad der Konzentration von Arbeit auf der Bodenfläche des Betriebes erhalten, die eingesetzte Arbeit wird insgesamt besser genutzt, und der Produktionsstrom wird mächtiger. Die Rationalisierung wirkt dann wiederum wie Intensivierung.

Die sozialistische Intensivierung richtet sich in ihrer Hauptstoßrichtung auf die Vergrößerung des Gesamtprodukts je Flächeneinheit. Wie der Vorsitzende des Landwirtschaftsrates erklärte, stellt die Intensivierung die Werktätigen unserer sozialistischen Landwirtschaft vor die Aufgabe, „alle Produktionsmittel und ihre Arbeitskraft rationell mit dem Ziel einzusetzen, ausgehend von den natürlichen und ökonomischen Bedingungen eines jeden Betriebes und in Übereinstimmung mit dem volkswirtschaftlichen Bedarf, eine Höchstmenge an pflanzlichen und tierischen Produkten je Flächeneinheit bei ständig sinkendem Aufwand je Erzeugnis zu produzieren" (EWALD, 1965).

Das Ziel der sozialistischen Intensivierung besteht darin, eine dem volkswirtschaftlichen Bedarf entsprechende Produktionssteigerung je Flächeneinheit bei gleichzeitiger Steigerung der Arbeitsproduktivität und bei Senkung der Kosten je Produktionseinheit zu erreichen (SEIDEL, 1965). Das bringt auch eine Erhöhung des Nettoproduktes mit sich. Vor allem geht es jedoch darum, durch die Intensivierung ein größeres Produktionsvolumen von der gegebenen landwirtschaftlichen Nutzfläche hervorzubringen. Das Ziel der Intensivierung wird vorwiegend durch Konzentration gesellschaftlicher Arbeit je Bodenteil und verbesserte Nutzung der insgesamt eingesetzten gesellschaftlichen Arbeit erreicht. In der Tendenz führt die Intensivierung zu einer Erhöhung des Vorschusses und Verbrauchs an gesellschaftlicher Arbeit je Flächeneinheit.

Die ökonomischen Gesetze der sozialistischen Gesellschaft (insbesondere das Grundgesetz und das Gesetz der erweiterten Reproduktion) erfordern, daß die Erhöhung des Aufwandes je Bodenteil so vorgenommen werden muß, daß, auf die Dauer gesehen, eine Erhöhung der Effektivität der gesamten eingesetzten gesellschaftlichen Arbeit erzielt wird.

Grundlage der Intensivierung ist vor allem die Akkumulation. Jedoch hat auch die aktive Rolle des Ersatzes, der einfachen Reproduktion, und zeitweilig hatte auch die absolute Erhöhung des Einsatzes lebendiger Arbeit große Bedeutung für den Fortschritt der Intensivierung.

Die Intensivierung der landwirtschaftlichen Produktion kann in der Form der extensiv erweiterten Reproduktion erfolgen. Das heißt, Intensivierung ist durch quantitative Vermehrung verschiedener Bedingungen des Produktionsprozesses ohne qualitative Verbesserung seiner technischen Grundlagen möglich. Aber nur in bestimmten Grenzen. Darauf weist LENIN bereits hin, als er sich mit den Verfechtern des „Gesetzes" vom abnehmenden Bodenertrag auseinandersetzt. „Schon allein der Begriff ‚zusätzliche (oder sukzessive) Anlagen von Arbeit und Kapital' setzt doch im Grunde genommen Veränderungen der Produktionsmethoden, Umgestaltung der Technik voraus. Um die Menge des auf den Boden angelegten Kapitals beträchtlich zu vergrößern, müssen neue Maschinen, neue Systeme des Ackerbaus, neue Methoden der Viehhaltung, des Transports der Erzeugnisse usw. usw. *erfunden* werden. Natürlich können ‚Zusätzliche Anlagen von Arbeit und Kapital' in verhältnismäßig geringem Umfang auch auf der Grundlage eines gegebenen, unveränderten Standes der Technik erfolgen (und das geschieht auch) ...." (LENIN, 1955).

In der weiteren Darlegung schreibt er, daß „... ein unveränderter Stand der Technik zusätzlichen Anlagen von Arbeit und Kapital verhältnismäßig sehr enge Grenzen setzt" (LENIN, 1955).

Das Typische ist die gleichzeitige Vervollkommnung des wissenschaftlich-technischen Niveaus der Produktion bei der Vergrößerung der auf dem Boden angelegten gesellschaftlichen Arbeit. Das Vorwiegende bei der Intensivierung ist die intensiv erweiterte Reproduktion. Intensiv und extensiv erweiterte Reproduktion sind im Intensivierungsprozeß fast immer gleichzeitig vorhanden, miteinander verbunden.

Ausgehend von der Gesetzmäßigkeit der erweiterten Reproduktion, ergeben sich für die sozialistische Intensivierung der landwirtschaftlichen Produktion bestimmte Anforderungen. Eine Mindestanforderung besteht beispielsweise darin, daß bei der Vergrößerung des Gesamtprodukts der Umfang des Produkts für die Gesellschaft, des Mehrprodukts, noch wächst, weil dieser Zuwachs Quelle der Akkumulation ist und daraus die erweiterte Reproduktion gespeist wird.

Ein Anwachsen des Produktes für die Gesellschaft durch Intensivierung kann zwar auch dann noch erreicht werden, wenn die Vergrößung des Gesamtproduktes je Flächeneinheit nicht nur mit einem Anstieg des Verbrauchs an gesellschaftlicher Arbeit insgesamt, sondern auch je Erzeugniseinheit verbunden ist.

Das kann zeitweilig oder im Einzelfall auftreten. Unter den Bedingungen einer entwickelten Landwirtschaft, eines raschen wissenschaftlich-technischen Fortschrittes und bei der Schaffung des ökonomischen Systems des Sozialismus – also Bedingungen, wie sie in der DDR bestehen – muß es jedoch Regel sein, daß im Prozeß der Intensivierung der landwirtschaftlichen Produktion der Verbrauch an gesellschaftlicher Arbeit je Erzeugniseinheit sinkt. Nur dann wird es möglich sein, den Erfordernissen einer vorwiegend intensiv erweiterten Reproduktion allseitig zu entsprechen, die für einen raschen wissenschaftlich-technischen Fortschritt der Produktion erforderliche zusätzliche Akkumulation in vollem Umfang oder zumindest vorwiegend aus eigenen Mitteln des Betriebes zu gewährleisten. Deshalb kann es in der DDR bei der Intensivierung der landwirtschaftlichen Produktion als ein Weg der erweiterten Reproduktion auch nicht schlechthin um eine weitere Konzentration von gesellschaftlicher Arbeit je Bodenteil gehen. Die bereits je Bodenteil eingesetzte Arbeit muß insbesondere im Zusammenhang mit dem zusätzlichen Einsatz von Arbeit besser genutzt werden, so daß in der Landwirtschaft bei der gegebenen Bodenfläche sowohl der Produktionsstrom mächtiger, aber auch eine maximale Vergrößerung des Nettoproduktes und insbesondere des Mehrproduktes erreicht wird.

Für die Intensivierung ergibt sich daraus, daß eine Vergrößerung des Gesamtproduktes bei gleichzeitig wachsendem Verbrauch je Erzeugniseinheit nur eine zeitweilige, vorübergehende Erscheinung sein kann, weil damit nicht die für einen raschen wissenschaftlich-technischen Fortschritt der Produktion erforderliche zusätzliche Akkumulation gesichert werden kann.

Als allgemeiner Grundsatz für die sozialistische Intensivierung gilt daher, daß die Vergrößerung des Gesamtprodukts bei sinkendem Verbrauch an gesellschaftlicher Arbeit je Erzeugniseinheit vollzogen werden muß. Damit kann dem gesetzmäßigen Prozeß der sozialistischen erweiterten Reproduktion unter den Bedingungen der wissenschaftlich-technischen Revolution in allen Erfordernissen entsprochen werden.

Faktisch bedeutet das, daß sowohl sozialistische Intensivierung als auch sozialistische Rationalisierung zu einer Vergrößerung der Spanne zwischen Gesamtprodukt und Verbrauch als auch zur Senkung des Verbrauchs je Erzeugniseinheit führt, obwohl die Intensivierung im Unterschied zur Rationalisierung tendentiell den Gesamtumfang des Verbrauchs vergrößert.

Insgesamt zeigt sich bei der Betrachtung der Stellung der sozialistischen Rationalisierung und sozialistischen Intensivierung im Reproduktionsprozeß:

Hauptquelle der erweiterten Reproduktion ist die Akkumulation. Eine weitere Quelle ist die Amortisation in ihrer aktiven Funktion. Beide sind auch wesentliche Grundlagen für die Intensivierung der landwirtschaftlichen Produktion und die Rationalisierung.

Kriterium der erweiterten Reproduktion ist das Wachstum des Gesamtproduktes und des Nettoproduktes. Darauf zielen auch die Intensivierung und die Rationalisierung mit unterschiedlicher Hauptstoßrichtung.

Die Rationalisierung richtet sich auf den Einsatz und Verbrauch gesellschaftlicher Arbeit je Produktionseinheit. Sie führt zu seiner Verringerung, wirkt tendentiell auch darauf hin, den Gesamtverbrauch an Arbeit – auch je Bodenteil – zu senken, und bewirkt eine Vergrößerung des Nettoproduktes und erweitert das Produkt für die Gesellschaft – aus dem die Akkumulation gebildet wird. Die Rationalisierung schafft, durch die Vergrößerung der Möglichkeit zu akkumulieren, Voraussetzungen, erweitert zu reproduzieren und den Produktionsstrom zu vergrößern. Sie wirkt gleichzeitig auch unmittelbar auf ein Wachstum des Produktionsstromes hin. Mit dem durch sie bewirkten Wachsen des Netto- und auch Bruttoproduktes erweist sich die Rationalisierung als ein Weg, auf dem sich die erweiterte Reproduktion vollzieht.

Die Intensivierung der landwirtschaftlichen Produktion richtet sich ebenfalls auf den Einsatz und Verbrauch gesellschaftlicher Arbeit. Durch Konzentration auf der gleichen Bodenfläche und rationellste Nutzung bewirkt die Intensivierung ein größeres Produkt je Flächeneinheit. Sie setzt an dem Glied an, von dem die gesamte Reproduktion in der Landwirtschaft wesentlich abhängt, das das Hauptproduktionsmittel ist, nicht wie andere Produktionsmittel mehrbar ist und weitere Besonderheiten hat.

Sie führt unmittelbar zur Vergrößerung der Gesamtproduktion, bringt tendentiell ein Anwachsen des Verbrauchs an gesellschaftlicher Arbeit je Bodenteil mit sich und führt über das Wachsen des Gesamtproduktes und durch – in der Regel – gleichzeitige Verringerung des Verbrauchs an gesellschaftlicher Arbeit je Produkteneinheit auch zur Erhöhung des Nettoproduktes und erweitert somit ebenfalls die Quelle zur Akkumulation. Damit erweist sich die Intensivierung nicht nur selbst als ein Weg, auf dem sich die erweiterte Reproduktion vollzieht, sondern schafft mit dem Wachsen des Nettoproduktes wiederum Voraussetzungen, auf höherer Stufenleiter zu reproduzieren.

Intensivierung und Rationalisierung sind ökonomische Vorgänge im Prozeß der erweiterten Reproduktion. Sie vollziehen sich auf der gleichen Basis – dem Einsatz und Verbrauch gesellschaftlicher Arbeit.

Rationalisierung und Intensivierung weisen so viele Verknüpfungen miteinander auf, daß es trotz der gegebenen Unterschiede gerechtfertigt erscheint zu sagen, daß die Rationalisierung im Bereich der landwirtschaftlichen Produktion, dem Wirkungsgebiet der Intensivierung, in der Praxis mit der Intensivierung verschmilzt. Man könnte es auch umgekehrt formulieren, wenn dabei nicht übersehen wird, daß die Rationalisierung ausschließlich intensiv erweiterte Reproduktion ist, die Intensivierung darüber hinaus auch Momente einer extensiv erweiterten Reproduktion beinhaltet.

Die theoretische Betrachtung ein und derselben Vorgänge im Reproduktionsprozeß der Landwirtschaft unter den unterschiedlichen Blickpunkten Intensivierung – Rationalisierung ist durchaus möglich und manchmal direkt erforderlich. Die schematische Zergliederung jener Vorgänge oder eines einzelnen und

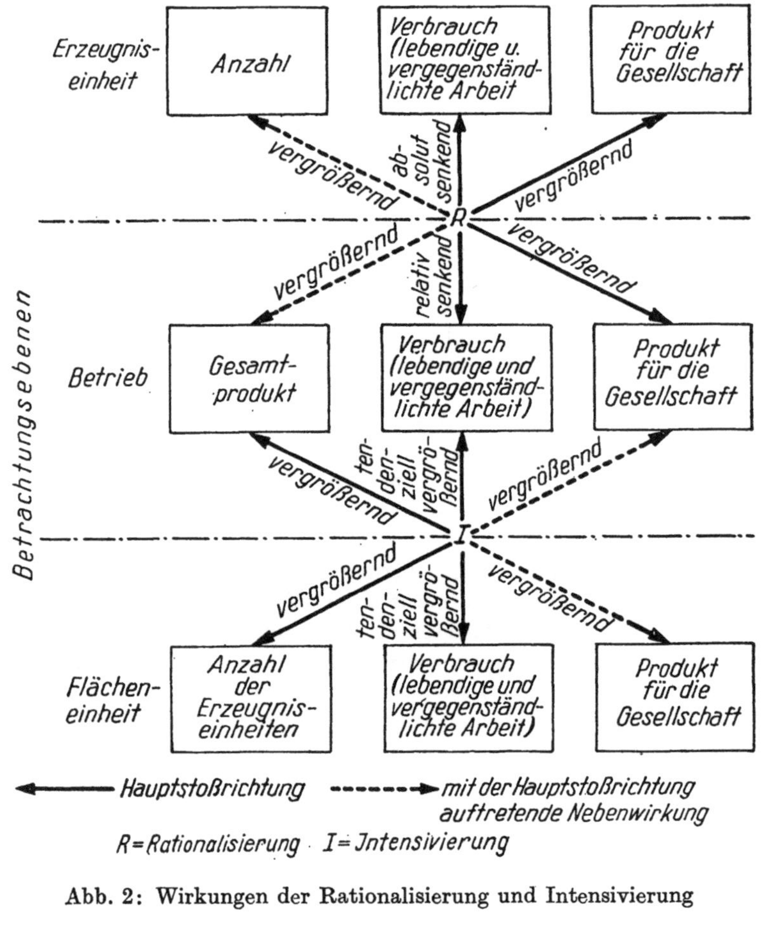

Abb. 2: Wirkungen der Rationalisierung und Intensivierung

der Wirkung auf das Gesamt- und Nettoprodukt nach einem Intensivierungs- und Rationalisierungsaspekt halten wir weder theoretisch noch praktisch für nutzbringend. Unseres Erachtens ist das weder vom Blickpunkt erweiterte Reproduktion noch vom Blickpunkt Intensivierung – Rationalisierung notwendig. Auch die Stellung der Intensivierung und Rationalisierung im Prozeß der erweiterten sozialistischen Reproduktion erfordert es nicht.

Zusammenfassung

Die Autoren behandeln die Stellung der Rationalisierung und der Intensivierung im Reproduktionsprozeß der sozialistischen Landwirtschaft. Ausgehend vom Wesen des Reproduktionsprozesses, werden zunächst Inhalt, Unterschiede und Zusammenhänge der intensiv und extensiv erweiterten Reproduktion dargelegt. Von diesen beiden hat die intensiv erweiterte Reproduktion die größte progressive Wirkung im gesellschaftlichen Entwicklungsprozeß. Sie erlangt nach dem Sieg der sozialistischen Produktionsverhältnisse im Lande und unter den Bedingungen der wissenschaftlich-technischen Revolution ein größeres Gewicht als je zuvor. Rationalisierung und Intensivierung werden als die Hauptwege der erweiterten Reproduktion in der sozialistischen Landwirtschaft charakterisiert, und es werden ihr ökonomisches Wesen und ihr komplexes Wirken in der sozialistischen Landwirtschaft behandelt. Die Rationalisierung als ein Prozeß in der gesamten Volkswirtschaft und die Intensivierung als ein spezifischer Prozeß in der Landwirtschaft vollziehen sich auf der gleichen Basis – dem Einsatz und Verbrauch gesellschaftlicher Arbeit – und zielen mit unterschiedlicher Hauptstoßrichtung und unterschiedlichen Ansatzpunkten auf das Wachstum des Gesamt- und Nettoproduktes. Im Produktionsbereich der sozialistischen Landwirtschaft ergeben sich so starke Verknüpfungen zwischen Rationalisierung und Intensivierung, daß in der Praxis beide zu einem Prozeß verschmelzen.

Резюме

Название работы: О месте рационализации и интенсификации в процессе воспроизводства

Авторы рассматривают место рационализации и интенсификации в процессе воспроизводства социалистического сельского хозяйства. Исходя из сущности процесса воспроизводства, вскрываются содержание, различия и связи интенсивно и экстенсивно расширенного воспроизводства. Из этих двух форм в процессе общественного развития наибольшее прогрессивное действие имеет интенсивно расширенное воспроизводство. После победы социалистических производственных отношений в стране и в условиях научно-технической революции оно приобретает большее значение, чем когда-либо раньше. Дается характеристика рационализации и интенсификации как основных путей расширенного воспроизводства в сельском хозяйстве, и обсуждаются их экономическая сущность и комплексное действие в социалистическом сельском хозяйстве. Рационализация, как процесс характерный для всего народного хозяйства и интенсификация, как специфичный процесс, происходящий в сельском хозяйстве, происходят на одинаковой основе – применение и расходование общественного труда и направлены на рост валового и чистого продукта, имея при этом разные направления главного удара и разные исходные точки. В сфере социалистического сельскохозяйственного производства возникают прочные связи между рационализацией и интенсификацией, так что на практике они сливаются в один процесс.

Summary

Title of the paper: Role of rationalization and intensification in the reproduction process

The role played by rationalization and intensification in the reproduction process of agriculture under socialist conditions is covered by the authors of this article. The nature, differences, and correlations of intensively and extensively enlarged reproduction are described with reference to the nature of the reproduction process. It is postulated that intensively enlarged reproduction has a more profound progressive impact on the process of social development. It will assume an unprecedented importance after the victory of socialism in the countryside and under the conditions of the scientific-technological revolution. Rationalization and intensification are characterized as the major trends of enlarged reproducion in socialist agriculture, both their economic nature and complex action in socialist agriculture being discussed. Rationalization, as a general process in national economy, and intensification, as a process specific to agriculture, are based on one and the same concept, i. e. the use and consumption of social labour, and they are aimed, with different main trends and assumptions, at the growth of the gross and net product. Hence, in the practice of agricultural production under the conditions of socialist rationalization and intensification become interlinked strongly to merge into one coherent process.

Literatur

EWALD, G.: Die Anwendung des neuen ökonomischen Systems der Planung und Leitung der Volkswirtschaft in der Periode des Volkswirtschaftsplanes 1965 in der Landwirtschaft. Berlin, Dietz-Verl., 1965, S. 5

LENIN, W. I.: Die Agrarfrage und die Marxkritiker. Lenin, Werke, Berlin, Dietz-Verl. Bd. 5, 1955, S. 103

MARX, K.: Das Kapital Bd. I. Berlin, Dietz-Verl., 1953, S. 643–644

SEIDEL, G.: Volkswirtschaftliche Aspekte der Intensivierung der landwirtschaftlichen Produktion. Z. Agrarökonomik 1965, H. 6, S. 162

Anschriften der Verfasser:
Prof. Dr. Kurt GROSCHOFF
Dipl.-Wirtschaftler Hermann WIRSIG
Institut für Gesellschaftswissenschaften beim ZK der SED
108 Berlin, Taubenstraße 19–23

Gerhard JANNERMANN

Zu theoretischen Problemen der Intensivierung der Landwirtschaft in den sozialistischen Ländern

Die Intensivierung der landwirtschaftlichen Produktion ist als ökonomischer Prozeß unmittelbar mit dem gesellschaftlichen Reproduktionsprozeß verbunden. Ihr gesellschaftlicher Charakter wird deshalb maßgeblich durch die jeweiligen Produktionsverhältnisse und die jeder Produktionsweise eigenen ökonomischen Gesetze, insbesondere das ökonomische Grundgesetz, bestimmt. So bestehen die grundlegenden Unterschiede der Intensivierung im Kapitalismus und Sozialismus in ihrer unterschiedlichen Zielstellung, der Methode ihrer Durchsetzung und der Verwendung erzielter Resultate (JANNERMANN, 1967a; SCHILLING, 1965).

Das Grundgesetz des Sozialismus und das Gesetz der Ökonomie der Zeit verlangen sowohl den rationellsten Einsatz und Verbrauch gesellschaftlicher Arbeit als auch den wirkungsvollsten und verstärkten Einsatz sich neu entfaltender Produktivkräfte. Dieser Prozeß umfaßt bei der Entwicklung der sozialistischen Landwirtschaft sowohl die komplexe Rationalisierung als auch die weitere Intensivierung und bedeutet in seiner Gesamtheit intensiv erweiterte Reproduktion. Diese erfolgt durch meistens eng miteinander verflochtene Rationalisierungs- und Intensivierungsmaßnahmen, die planmäßig und kontinuierlich im Zusammenhang mit der Entwicklung der gesamten Volkswirtschaft durch die Wirtschaftspolitik von Partei und Regierung gesteuert und in allen Ebenen wirksam werden.

Im Gegensatz zu Rationalisierungsbestrebungen und zur Intensivierung der Landwirtschaft unter kapitalistischen Produktionsverhältnissen, die ausschließlich dem Streben nach Profit dienen, sind im Sozialismus Ziel und Methode der Intensivierung der Landwirtschaft, weil dem Grundgesetz des Sozialismus untergeordnet, eindeutig auf die Produktionssteigerung zur Bedürfnisbefriedigung der Bevölkerung und auf die Erhöhung des Bruttoeinkommens (Nettoprodukt) gerichtet. Die Intensivierung der Landwirtschaft erfolgt, wie die Rationalisierung der gesamten Wirtschaft, planmäßig und kontinuierlich unter Einbeziehung der bewußten Mitarbeit der Werktätigen.

In dieser kurzen Darlegung des gesellschaftlichen Charakters der Intensivierung der Landwirtschaft drückt sich die gemeinsame Auffassung der Agrarökonomen der meisten sozialistischen Länder aus, auch derjenigen Wissenschaftler, die als Ziel der Intensivierung den Gewinn überbetonen.

Diese Tatsache wurde bewußt vorangestellt, weil die Einheitlichkeit in der Auffassung dieses grundsätzlichen Problems immer wieder die gemeinsame Plattform ergibt, um unterschiedliche Ansichten, Meinungen und Handlungen, die die Intensivierung betreffen, besser durchleuchten und klären zu können.

In allen sozialistischen Ländern wird seit geraumer Zeit, verstärkt seit etwa 1960, der Intensivierung der Landwirtschaft und damit auch der Theorie der Intensivierung großes Interesse entgegengebracht. Dabei haben sich die Meinungen einzelner Autoren im Verlaufe der Diskussion gewandelt, weil ihre Erkenntnisse sich weiterentwickeln. Darauf kann aber im einzelnen nicht eingegangen werden. Es versteht sich von selbst, daß es keine „Ländermeinung" gibt, sondern daß die Wissenschaftler ein und desselben Landes recht unterschiedliche Meinungen zur Intensivierung der landwirtschaftlichen Produktion vertreten. Es ist natürlich dem Außenstehenden auch schwer möglich, die „vorherrschende" Auffassung zu besonderen Problemen zu fixieren. Schließlich entspricht die Auffassung eines Autors durchaus nicht immer den wirtschaftlichen Erfordernissen des betreffenden Landes und den dort eingeleiteten Maßnahmen.

Wie schwierig es ist, über grundsätzliche Probleme oder gar Detailfragen zur Theorie und Praxis der Intensivierung sowie zu den Beziehungen zwischen Intensivierung und industriemäßiger Produktion oder Intensivierung und Rationalisierung Einigkeit zu erzielen, hat die Diskussion in der DDR (1964 bis 1966/67) gezeigt. So weisen z. B. die Zusammenfassung der Diskussion im August 1965 durch die Sektion Agrarökonomik der DAL (o. V., 1965) und die anschließend geführte Diskussion noch erhebliche Meinungsunterschiede auf! (Bruttoprodukt und Bruttoeinkommen als Zielfunktion, Bedeutung von Organisations- und Produktionsintensität, Probleme der Messung, Verhältnis Rationalisierung zur Intensivierung.)

Es sei auch auf die für die exakte Klärung von wissenschaftlichen und praktischen Problemen störende Tatsache hingewiesen, daß Begriffe, wie intensivieren, Intensivierung, intensiv, Intensität, Intensitätsgrad, extensiv, extensivieren, Extensivierung, nicht immer eindeutig bzw. einheitlich gebraucht werden. In der deutschen Sprache gibt es bei der Anwendung vieler Begriffe inhaltlich Differenzen zwischen dem allgemeinen und dem ökonomischen Sprachgebrauch. Dazu kommen die Unterschiede im Inhalt bestimmter Termini zwischen der marxistischen und der bürgerlichen Ökonomik. In dem zur Verfügung stehenden Material anderer Länder ist nicht immer klar ersichtlich, wie weit es dem Übersetzer gelungen ist, die Meinung des Verfassers zum Ausdruck zu bringen.

Mit diesen Bemerkungen soll deutlich gemacht werden, wie schwer es ist, dem Thema gerecht zu werden. Es wird folgendes methodisches Vorgehen für zweckmäßig gehalten:

1. Stützung auf die anläßlich der Moskauer Konferenz der Direktoren agrarökonomischer Institute im Februar 1967 zum Komplex Intensivierung dargelegten Ergebnisse und geäußerten Meinungen der Vertreter der sozialistischen Länder;
2. Erweiterung und Prüfung dieser Ansichten durch das Studium zugänglicher Schriften aus den sozialistischen Ländern der Jahre 1961 bis 1967, besonders jedoch der Jahre 1965 bis 1967;
3. Beschränkung auf besondere Schwerpunkte und Abhandlung nach folgenden Problemkreisen:

- Begriff, Ziel und Inhalt der Intensivierung,
- Analyse des Intensivierungsprozesses und Messung der Intensität,
- Hinweise auf laufende Forschungsvorhaben und auf Maßnahmen zur weiteren Intensivierung und zur Rationalisierung auf Grund von Forschungsergebnissen.

Begriff, Ziel und Inhalt der Intensivierung

Der Tatsache, daß die meisten Agrarökonomen sozialistischer Länder von den Theorien MARX' und LENINS ausgehen, ist es zu verdanken, daß die Ergebnisse der Bemühungen um die Definition des Begriffes „Intensivierung der Landwirtschaft" sowie bei der Bestimmung des Inhaltes und des Zieles der Intensivierung relativ große Übereinstimmung aufweisen. Hierüber sollte nicht hinweggesehen werden, auch wenn es bei der Bestimmung des Inhalts und des Zieles, bei der Abgrenzung zu anderen Kategorien und bei weiteren Detailfragen einige extreme, stark voneinander abweichende Auffassungen gibt.

Zunächst einmal kann auf Grund der Veröffentlichungen in den letzten drei Jahren mit großer Übereinstimmung festgestellt werden, daß die Intensivierung der Landwirtschaft als eine Form, ein Weg, eine Methode der erweiterten Reproduktion aufgefaßt wird. Das steht im Widerspuch zu meist früheren Auffassungen einiger Autoren aus mehreren sozialistischen Ländern, die Intensivierung der landwirtschaftlichen Produktion und erweiterte Reproduktion schlechthin gleichsetzten.

Kriterien zur Beurteilung und Messung des Prozesses der erweiterten Reproduktion sind das Ansteigen des Bruttoprodukts (Bruttoumsatz, Gesamtprodukt) und des Nettoproduktes (Bruttoeinkommen, Produkt für die Gesellschaft und Mehrprodukt). Der Hinweis auf das Nettoprodukt als Kriterium und nicht nur auf das Reineinkommen (Gewinn, Mehrprodukt) ist u. a. auch deshalb wichtig, weil die erweiterte Reproduktion sich sowohl auf die Reproduktion aller Produktivkräfte als auch der Produktionsverhältnisse bezieht. Mit den genannten Kategorien, deren Vergrößerung Ziel der erweiterten Reproduktion ist, wird dementsprechend auch die Zielrichtung der Intensivierung festgelegt.

Die erweiterte Reprodukion erfolgt als Entwicklungsprozeß in der gesamten Volkswirtschaft, so auch in der Landwirtschaft in zwei Formen: als intensiv erweiterte oder extensiv erweiterte Reproduktion.

Beide Formen treten zumeist parallel und oft sogar verschmolzen miteinander auf. Ihre getrennte Beurteilung wird erschwert, geht man dabei nur von dem erreichten Ziel aus, das für beide Formen der erweiterten Reproduktion gleich ist.

Die Entwicklung der Produktivkräfte bedingt, daß im Prozeß der erweiterten Reproduktion beim Auftreten beider Formen in den Betrieben oder gar in einzelnen Produktionseinheiten die extensiv erweiterte Reproduktion überdeckt wird. So kommt dann auch häufig die Identifizierung von intensiv erweiterter Reproduktion und Intensivierung zustande.

Die hierzu in den letzten beiden Jahren in der DDR geführten Diskussionen haben zu einer Klärung der Standpunkte und zu relativer Übereinstimmung geführt. Eine Identifizierung ist nach unserer Ansicht keineswegs möglich, weil die Intensivierung der Landwirtschaft sowohl als intensiv erweiterte als auch als extensiv erweiterte Reproduktion vor sich gehen kann. In diesem Zusammenhang muß die in jüngster Zeit von GROSCHOFF und WIRSIG (Autorenkollektiv, 1966; 1967; WIRSIG, 1967) erfolgte Vertiefung dieser theoretischen Durchdringung hervorgehoben werden. Ihr Vorschlag, die Charakterisierung der extensiv und intensiv erweiterten Reproduktion unter Hinweis auf MARX (organische Zusammensetzung des Kapitals) durch das wertmäßige Verhältnis von vergegenständlichter und lebendiger Arbeit sowie die Veränderung dieses Verhältnisses vorzunehmen, sollte unterstützt werden.[1]

Während durch die Diskussion gerade der letztgenannten Probleme unter den Agrarökonomen der DDR eine Annäherung der Auffassungen erreicht werden konnte, gibt es hierzu bei Autoren anderer sozialistischer Länder unklare Stellungnahmen, und es werden häufig falsche Auffassungen vertreten. So identifizierte KOTOV (1967) intensiv und extensiv erweiterte Reproduktion mit Extensivierung und Intensivierung der Landwirtschaft, wenn er sagt: „Die sozialistische Landwirtschaft entwickelt sich nach den Gesetzen der erweiterten Reproduktion. Diese wird auf zwei Wegen verwirklicht: durch den extensiven, wenn sich die Zahl der Betriebe erhöht, sich die bearbeiteten Bodenflächen vergrößern, und den intensiven, wenn sich die Produktionsmittel vervollkommnen, die Bodenfruchtbarkeit erhöht“ (KOTOV, 1967).

Abgesehen von der Enge der Definition der erweiterten Reproduktion läßt sie das Entscheidende offen und eine Identifizierung im obigen Sinne zu, besonders dann, wenn die extensiv erweiterte Reproduktion, so wie hier, mit dem Anwachsen der Zahl der Betriebe und der Vergrößerung der bearbeiteten Bodenfläche gleichgesetzt wird. Weitere Formulierungen, auf die hier nicht mehr eingegangen werden soll, bestätigen diese Feststellung. Die Durchsicht der Arbeiten weiterer Autoren sowohl aus der UdSSR als auch aus der ČSSR und Bulgarien (besonders 1961–1965) weisen auf ähnliche Gleichstellungen hin.

In diesem Zusammenhang sei auch erwähnt, daß Extensivierung (obwohl als Prozeß von den meisten Autoren zutreffend definiert) sehr oft falsch als Synonym für den Rückgang der Intensität oder, was auf das gleiche hinausläuft, als Begriff zur Kennzeichnung (extensiv) wirkender Faktoren (besser vielleicht Bestandteile) gebraucht wird.

[1] Extensiv erweiterte Reproduktion = Ausdehnung auf bereits vorhandenem wissenschaftlich-technischen Niveau. Im wesentlichen gleichbleibendes Verhältnis zwischen lebendiger und vergegenständlichter Arbeit im Produktionsprozeß.
Intensiv erweiterte Reproduktion = Erhöhung der Wirksamkeit der Elemente des Produktionsprozesses durch Verbesserung des wissenschaftlich-technischen Niveaus. Mit einem relativen Absinken des Anteils der lebendigen Arbeit an der Gesamtarbeit verbunden.

Das mündet dann im Extrem in eine Behauptung von STOILOV (1963), der Rückgang der beschäftigten Arbeitskräfte je Flächeneinheit und der Rückgang der Menge an aufgewandter Arbeitszeit je Flächeneinheit sei ein extensiver Faktor. Auch das Herausstellen von „extensiven Betrieben oder Typen" durch JANOVIC (1967) ist falsch.

Zu diesem angeschnittenen theoretischen Problem (Stellung der Intensivierung im Prozeß der erweiterten Reproduktion) sind m. E. in den letzten Jahren in der DDR die bedeutendsten Erkenntnisse erarbeitet worden. Sie sollten bei der nächsten Konferenz der agrarökonomischen Institute der RGW-Länder zusammen mit den gewonnenen Erkenntnissen über das Verhältnis von Intensivierung zu Rationalisierung sowie ihrer Beziehungen im Prozeß der erweiterten Reproduktion zur Diskussion gestellt werden, um dadurch zu einer stärkeren Vereinheitlichung der Auffassungen zu gelangen.

Zum Verhältnis von Intensivierung zu Rationalisierung gibt es in den anderen sozialistischen Ländern keine derart gezielte Diskussion wie beispielsweise in der Literatur der DDR seit der Rationalisierungskonferenz und der eindeutigen Festlegung des Inhalts der sozialistischen komplexen Rationalisierung. Es ist zu hoffen, daß durch diese Diskussion in der DDR schnell überholte oder enge Auffassungen über die Rationalisierung überwunden werden. Es muß besonders die Enge der Auslegung überwunden werden, die einmal ihren Ursprung in dem gebräuchlichen Ausdruck „rationell", jedoch besonders in theoretischen und ideologischen Unklarheiten haben dürfte.

Die Rationalisierung, ebenfalls Form der erweiterten Reproduktion, und zwar immer intensiv erweiterte Reproduktion, wird mit der Intensivierung, die meist eben auch intensiv erweiterte Reproduktion ist, gleichgestellt; bewußt, weil man sich über die Schwierigkeiten der Trennung klar ist, oder unbewußt, weil die Verschmelzung die Momente der Rationalisierung überdeckt. Es kommt dann häufig zu einseitiger Betrachtung und Hervorhebung der Tendenzen der Rationalisierung, die auf das Absinken des Gesamtverbrauchs an gesellschaftlicher Arbeit gerichtet sind.

Begriff, Inhalt und Ziel der sozialistischen Rationalisierung wurden in unserer Republik, wie schon hervorgehoben, 1966 durch die Rationalisierungskonferenz festgelegt. Unter komplexer sozialistischer Rationalisierung verstehen wir die ökonomisch effektive Gestaltung aller im Betrieb, im Zweig oder in der gesamten Volkswirtschaft zusammenhängenden technischen, technologischen, organisatorischen und ökonomischen Prozesse und Produktionssysteme. Zur sozialistischen Rationalisierung zählen alle Maßnahmen, die in Betrieben und Einrichtungen, Zweigen und der ganzen Volkswirtschaft sowie in allen Bereichen des gesellschaftlichen Lebens durchgeführt werden, um mit den vorhandenen Arbeitskräften und ihren sich entwickelnden Fähigkeiten, den Produktionsausrüstungen und den Rohstoffen Produktions- und Arbeitsprozesse wirkungsvoller zu gestalten (JANNERMANN, 1967 a; WIRSIG, 1967; o. V., 1966 a).

Damit wird auch das Verhältnis von Intensivierung zu Rationalisierung eindeutig. Wirkungsbereich der komplexen sozialistischen Rationalisierung ist die gesamte Volkswirtschaft, Wirkungsbereich der sozialistischen Intensivierung ist die Landwirtschaft, d. h., sozialistische Rationalisierung und sozialistische Intensivierung treten zusammen als Formen der erweiterten Reproduktion in den landwirtschaftlichen Betrieben und im Zweig Landwirtschaft auf. Damit wird allerdings auch das Problem akut, wie die durch beide Kategorien hervorgerufenen Erscheinungen zu isolieren, wie die Ergebnisse beider Prozesse exakt zu trennen sind. Die Klärung dieser Frage ist ganz sicher von Nutzen, weil nur so der Anteil der Intensivierung und damit die Intensivierung als spezifischer Prozeß der Landwirtschaft selbst beurteilt werden kann. Selbstverständlich stößt das auf große praktische Schwierigkeiten. Ihre Überwindung wird von vielen Autoren nur in der Form für möglich gehalten, daß beide Prozesse in ihren Ergebnissen vereint werden. Bei einigen Autoren führt das zu einer Unterordnung der Rationalisierung unter die Intensivierung und häufig auch zur Identifizierung der Rationalisierung mit der Intensivierung der Landwirtschaft. Es muß darauf hingewiesen werden, daß zu dieser Problematik genau wie zu den Problemen der Messung der Intensivierung die größten Unstimmigkeiten unter den Agrarökonomen der sozialistischen Länder zu finden sind.

So weist KOTOV (1967) unter Auswertung sowjetischer Literatur darauf hin, daß einige Autoren den Begriff der Intensivierung auf den zusätzlichen Einsatz von Produktionsmitteln zur Bearbeitung ein und desselben Bodens beschränken und zusätzlichen Arbeitszeitaufwand ausschließen, während andere den Begriff übermäßig ausweiten, indem sie unter Intensivierung die Steigerung des Bruttoprodukts von der gleichen Bodenfläche sehen, unabhängig davon, wie das erreicht wurde. Der zusätzliche Aufwand sei nur einer von vielen Faktoren der Intensivierung.

Offensichtlich ist hier ZAL'CMAN (1964) gemeint, der in den Begriff der Intensivierung der Landwirtschaft alle Maßnahmen und ökonomischen Methoden mit einbezieht, besonders solche ohne Aufwendung zusätzlicher Mittel, die zur Erhöhung des Bruttoproduktes je Flächeneinheit führen, und der den Erfolg der Intensivierung als ökonomischen Nutzeffekt ausdrückt, indem er eine Betriebskennzahl als Nutzkoeffizient aus dem Verhältnis von zusätzlichem Ertrag und dafür notwendigem Aufwand ermittelt.

Hier werden ganz eindeutig Faktoren der sozialistischen Rationalisierung mit erfaßt. Auch andere Autoren sozialistischer Länder geben die Wirkung der Rationalisierung mit in die Intensivierung hinein, wie das in neueren Arbeiten von JANOVIC (ČSSR), besonders aber von SZETE (VR Ungarn) zum Ausdruck kommt (JANOVIC, 1967; SZETE, 1967). Wenn auch, wie beim letztgenannten Autor, der Inhalt des Begriffs „Intensivierung" als Methode oder Form der erweiterten Reproduktion gesehen wird, so wird doch der Inhalt des Begriffes „Intensität" komplex als das Verhältnis zwischen Boden, Aufwand und Produktionsertrag im jeweiligen Produktionsprozeß bestimmt. Dabei sei die zentrale Frage der Intensität das Verhältnis des Aufwandes zum Ertrag oder, anders ausgedrückt, der Nutzeffekt des Aufwandes. Im Zusammenhang mit den Problemen der Messung soll darauf noch einmal zurückgekommen werden.

Hier werden eindeutige Erkenntnisse und für klar abgrenzbare Intensivierungsmaßnahmen richtig erkannte Beurteilungsgrundlagen, durch praktische Erfolge bestärkt, fälschlicherweise auf die Bestimmung und Beurteilung des Intensivierungsprozesses als Ganzes übertragen, der ja nicht so klar abgrenzbar ist.

Es ließen sich noch weitere Probleme zu diesem ersten Komplex behandeln, jedoch soll zunächst zum Ziel und Inhalt der sozialistischen Intensivierung folgendes zusammengefaßt werden:

1. Als spezifischer Prozeß der Landwirtschaft und als Form der erweiterten Reproduktion richtet sich das Ziel der sozialistischen Intensivierung auf die bedarfsgerechte Vergrößerung des Bruttoprodukts (Gesamtprodukts) je Flächeneinheit bei gleichzeitiger Erhöhung der Arbeitsproduktivität und Senkung der Kosten je Erzeugniseinheit.
   Zu dieser Aussage besteht inhaltlich, mit nur ganz wenigen Ausnahmen, unter den Agrarökonomen der sozialistischen Länder Einmütigkeit.
   Es wäre richtig, zukünftig als Ziel der sozialistischen Intensivierung ebenfalls die Vergrößerung des Nettoprodukts hervorzuheben.
2. Es gehört zum Inhalt der sozialistischen Intensivierung, daß das genannte Ziel durch zusätzlichen und wirkungsvolleren Einsatz und Verbrauch von gesellschaftlicher Arbeit je Flächeneinheit, also durch Konzentration gesellschaftlicher Arbeit auf gleicher Bodenfläche, erreicht wird.
   Hier ergeben sich, wie herausgestellt, erhebliche Unterschiede in den Auffassungen: Sie reichen von einer Überbetonung des Grundmitteleinsatzes bei gleichzeitiger Unterschätzung des Umlaufmitteleinsatzes bis zu einer völligen Negierung des zusätzlichen Einsatzes von Produktionsmitteln und Arbeit bzw. des Verbrauchs an gesellschaftlicher Arbeit je Flächeneinheit (ZAL'CMAN, 1964). Einige Ursachen dafür wurden herausgestellt; sie liegen besonders in der praktizistischen Beurteilung von Erscheinungen und der noch geringen theoretischen Durchdringung des Reproduktionsprozesses, oft in der Gleichstellung von Rationalisierung und Intensivierung.

Analyse des Intensivierungsprozesses und Messung der Intensität

Analyse und Beurteilung des Reproduktionsprozesses verlangen Aufschluß über den Effekt eingeleiteter Maßnahmen. Die Problematik der Messung des Prozesses der Intensivierung und auch der Messung des Intensitätsniveaus (Grad der Intensität) ergibt sich aus den schon erwähnten Verknüpfungen mit dem gesamten Reproduktionsprozeß, das betrifft sowohl die Beurteilung von Einzelmaßnahmen als auch die Beurteilung der Intensivierung als Ganzes. Zur Messung des Intensivierungsprozesses und des Intensitätsniveaus werden deshalb auch fast alle aussagefähigen Aufwands- und Ergebniskennzahlen des Gesamtproduktionsprozesses herangezogen. Die Palette ist so breit und die Eigenwilligkeit der Begründung von Kennzahlen so umfangreich, daß diese Breite hier keineswegs auch nur annähernd dargelegt werden kann.

Auf folgende Tendenzen und Schwerpunkte soll jedoch aufmerksam gemacht werden:

1. Es wird eine Trennung bei der Messung und Beurteilung des Effekts des Intensivierungsprozesses bzw. von Intensivierungsmaßnahmen und des Grades der Intensität (Intensitätsniveau) angestrebt und mit unterschiedlichem Erfolg erreicht (BADEWITZ, 1966; DUPAL und HAVLICEK, 1961; JANNERMANN, 1967 a; KUBAT, 1961 a; LOM, 1961; POSVAR, 1962; STAROVEROVA, 1966; ZAL'CMAN, 1964; o. V., 1965).
2. Es wird von einigen Autoren für die Messung des Intensitätsgrades und des Effekts der Intensivierung folgende Untergliederung angewandt (BADEWITZ, 1966; JANNERMANN, 1967 a; KOTOV, 1967; KUBAT, 1961 b; STAROVEROVA, 1966; SYNZYNYS, 1966, o. V., 1965):
   a) Landwirtschaft insgesamt
   b) Pflanzenproduktion
   c) Tierproduktion
3. Als Bezugseinheit für die Messung der Intensität dienen die Bodenfläche und in einem erheblichen Ausmaß in allen sozialistischen Ländern die Anzahl der Nutztiere. (Auf die sich ergebenden Probleme der Intensitätsmessung bei sich entwickelnden Spezialbetrieben der Tierproduktion ohne Bodenfonds soll nicht eingegangen werden.) (BADEWITZ, 1966; DUPAL und HAVLICEK, 1961; GATEV, 1963; GROLLIG, 1962; JANNERMANN, 1967a; KOTOV, 1967; LOM, 1961; POSVAR, 1962; STAROVEROVA, 1966; SYNZYNYS, 1966; ZAL'CMAN, 1964; o. V., 1965)
4. Es ist bei der Beurteilung der Intensität eine Konzentration folgender Kennzahlen in Kombination mit den unter Punkt 2 und 3 genannten Merkmalen festzustellen (Rangfolge stimmt mit der Häufigkeit der Benutzung überein):
   - Summe der Produktionsgrundfonds (Grundmittel je ha LN/Tier)
   - Summe des Produktionsverbrauchs und des Aufwandes an lebendiger Arbeit (Kosten je ha LN/Tier)
   - Summe des Bruttoprodukts (Bruttoumsatz je ha LN/Tier)

   und dann mit Abstand
   - Nutztierbesatz und -struktur
   - Nutz- und Ackerflächenverhältnis.

   Die Messung des Intensitätsniveaus mit Hilfe dieser Kennzahlen erfolgt hauptsächlich zum Zwecke des horizontalen Vergleiches. (Autorenkollektiv, 1966; BADEWITZ, 1966; DUPAL und HAVLICEK, 1961; GATEV, 1963; GROLLIG, 1962; JANNERMANN, 1967a; KIREV, 1966; KOTOV, 1967; KUBAT, 1961a; LOM, 1961; POSVAR, 1962; STAROVEROVA, 1966; STOCES und DUPAL, 1962; SYNZYNYS, 1966; ZAL'CMAN, 1964; o. V., 1965).
5. Es werden in allen sozialistischen Ländern auch Kennzahlen für die Messung der Intensität benutzt, deren Abgrenzung und Begriffsbestimmung in der bürgerlichen Ökonomik gebräuchlich oder auf sie zurückzuführen sind. Zu ihnen gehören, um einige zu nennen, Prozeßintensität, Arbeitsintensität, Ma-

terialintensität, Produktionsintensität, Organisationsintensität, Betriebsintensität, Grundintensität usw. (BADEWITZ, 1966; DUPAL und HAVLICEK, 1961; JANNERMANN, 1967a; KUBAT, 1961a; POSVAR, 1962; STOCES und DUPAL, 1962; o. V., 1965).

6. Der Effekt der Intensivierung und von einzelnen Intensivierungsmaßnahmen (wobei eine Trennung von Intensivierung und Rationalisierung praktisch nicht gelöst ist) wird an der Erhöhung der unter Punkt 4 genannten Kennzahlen oder mit Hilfe daraus berechneter Quotienten gemessen. Dabei tritt die Kontrolle und Beeinflussung des Verhältnisses von Aufwand zum Ertrag immer mehr in den Vordergrund der Betrachtung. Die analytische und kalkulatorische Durchdringung strebt die Abgrenzung von Produktionszweigen und besonders die einzelner Produktionsfaktoren an (BADEWITZ, 1966; DUPAL und HAVLICEK, 1961; GATEV, 1963; GROLLIG, 1962; GROSCHOFF und WIRSIG, 1967; KIREV, 1966; KUBAT, 1961b; LOM, 1961; POSVAR, 1962; STAROVEROVA, 1966; SYNZYNYS, 1966; SZETE, 1967; o. V., 1966a).

Es wird zukünftig immer mehr darauf ankommen, die den Produktionsprozeß beeinflussenden Faktoren in ihrem funktionalen Zusammenhang rechnerisch zu erfassen und optimale Varianten ihres Wirkungsverhältnisses zu errechnen. Damit wird die Aufmerksamkeit auf die Entwicklung gelenkt. Rückwirkende Einschätzungen, wenn sie nicht korrekt auf der Beurteilung einzelner ökonomischer oder biologischer Prozesse beruhen, sind sehr global und auch irreführend. Es kommt zu Fehlurteilen bei der Beurteilung von ökonomischen und biologischen Prozessen.

So stellt KOTOV (1967) fest, daß sich mit dem Wachstum der Größe der Betriebe ein niedrigeres Intensitätsniveau und eine niedrigere Arbeitsproduktivität herausbildeten. Er schließt hieraus, daß eine Vergrößerung der Betriebe nach der Bodenfläche nicht zu verbinden ist mit einer Erhöhung des Intensitätsniveaus der Produktion. Es werden daraus sogar Urteile über die optimale Betriebsgröße gefällt. Sowohl Auslegungen als auch Empfehlungen sind wenig konstruktiv und sogar gefährlich.

SZETE (1967) kommt zu dem Urteil, daß dem Mineraldünger nur ein geringer Nutzeffekt im Rahmen der Intensivierung einzuräumen sei. Hier liegen jedoch offenbar keine exakten Feldversuche zur Auswertung und keine harmonische Zusammensetzung der Nährstoffe vor. Sobald für die ökonomische Wertung mit Hilfe von Produktionsfunktionen exakt ermittelte Erzeugungswerte von Höchstertragsversuchen zugrunde gelegt werden, ergeben sich durchaus andere Einschätzungen.

In diesem Zusammenhang wird auf kürzlich durchgeführte Untersuchungen zum ökonomischen Nutzen von chemischen Produktionsmitteln verwiesen (JANNERMANN, 1967b).

Abschließend sei zu diesem Problemkomplex festgestellt, daß in den meisten sozialistischen Ländern, besonders aber in der ČSSR und in Ungarn (soweit es aus der zur Verfügung stehenden Literatur zu entnehmen ist), bei den Forschungsarbeiten über die Intensivierung immer mehr die Klärung funktionaler Zusammenhänge mit Hilfe mathematischer Methoden in den Vordergrund rückt.

Hinweise auf laufende Forschungsvorhaben und Maßnahmen zur weiteren Intensivierung und Rationalisierung auf Grund von Forschungsergebnissen

Über Fragen der Intensivierung wird bzw. wurde besonders in der UdSSR, in der VR Ungarn und in der ČSSR gearbeitet. Die folgenden Hinweise stützen sich auf Arbeiten von KOTOV (1967), RUMJANCEVA (1967), SZETE (1967) und JANOVIC (1967).

Das Wissenschaftliche Unionsforschungsinstitut für Agrarökonomik Moskau beschäftigt sich seit 1964/65 mit Fragen der Intensivierung. Es wurden hauptsächlich die damit im Zusammenhang stehenden Gesetzmäßigkeiten der Entwicklung der Landwirtschaft, Hauptwege der Intensivierung, das bestehende Intensitätsniveau sowie Methoden und Kennzahlen zur Bewertung des Effektes der Intensivierung untersucht. Das Institut hat im Ergebnis seiner Arbeiten Empfehlungen herausgegeben.

Auf Grund der Auswertung der Jahresberichte 1962 bis 1964 von Sowchosen und Kolchosen mit unterschiedlicher Produktionsrichtung wurden vorläufige Schlußfolgerungen über das entstandene Intensitätsniveau, die rationelle Ausnutzung der Produktionsgrundfonds und den Aufwand von materiellen Mitteln und Arbeit bei gegebenem Entwicklungsniveau der Produktivkräfte gezogen.

Im Jahre 1966 wurden durch theoretische Arbeiten die Erforschung des Prozesses der Intensivierung als eine der Formen der erweiterten Reproduktion vertieft, der ökonomische Sinn des Begriffs „fortlaufende Intensivierung" konkretisiert und die Stellung der mit der Intensivierung im Zusammenhang stehenden Gesetzmäßigkeiten der Entwicklung der Landwirtschaft, wie Arbeitsproduktivität, Konzentration und Spezialisierung, bestimmt.

Im Zusammenhang mit Forschungsarbeiten über „Methoden und Kennzahlen der ökonomischen Bewertung des Intensitäts-Nutzeffektes in den Landwirtschaftsbetrieben" wurde der Versuch unternommen, eine Methodik zur Bewertung des Nutzeffektes der Grundmittel auszuarbeiten und auf deren Grundlage den Nutzeffekt der zusätzlichen Grundmittel für eine Reihe von Jahren ökonomisch zu bewerten.

Vom Institut für Agrarökonomik in Budapest wurde eine Analyse der landwirtschaftlichen Produktionsgenossenschaften vorgenommen, die vorwiegend intensiv erweiterte Reproduktion aufwiesen. In diesen Betrieben, die 30 Prozent der Produktionsgenossenschaften Ungarns umfassen, erhöhen sich der Wert des Bruttoproduktes, das Bruttoeinkommen und das Reineinkommen von einer Bodeneinheit bedeutend schneller als in den übrigen Genossenschaften. Die Untersuchungen führten zu einer Bewertung der verschiedenen Intensitätsfaktoren, die die Steigerung der Produktion beeinflussen.

Von Interesse sind auch gesonderte Untersuchungen über den Effekt zusätzlicher Aufwendungen. Mit dem höheren Verbrauch gesellschaftlicher Arbeit je ha vermehren sich das Bruttoprodukt je ha und das Bruttoeinkommen je ha. Das Reineinkommen erhöht sich zu Beginn des Intensivierungsprozesses, um dann wieder zu sinken. Das zusätzliche Reineinkommen dagegen vermindert sich allmählich. Mit der Möglichkeit der Verringerung des zusätzlichen Reineinkommens muß nach Angabe der Autoren gerechnet werden, insbesondere unter Berücksichtigung der gegebenen materiell-technischen Basis und der existierenden ökonomischen Stimulierung der Beschäftigten. Es wird darauf hingewiesen, daß die Kenntnis dieser Zusammenhänge und die Beachtung der realen Bedingungen sichere Entscheidungen in der Wirtschaftsführung ermöglichen.

Vom Institut wurden Forschungsarbeiten zur Bewertung des Nutzeffektes einzelner Aufwendungen durchgeführt. Danach ergaben Aufwendungen für den Pflanzenschutz und für Stalldung und Kompost den höchsten Nutzeffekt. Die Aufwendungen für mineralische Düngemittel erwiesen sich vielfach als wenig effektiv, da die richtigen Proportionen zwischen den Nährstoffen und die Termine der Ausbringung nicht eingehalten wurden.

Besondere Aufmerksamkeit wurde durch einige Forschungsarbeiten auch der Berücksichtigung der Intensivierung bei der Betriebsprojektierung gewidmet.

Im Prager Institut für Agrarökonomik werden die Arbeiten über die Intensivierung der Landwirtschaft vornehmlich auf die Zwecke der Typisierung und Standortplanung ausgerichtet. Nach dem Intensitätsniveau werden fünf Typen von Genossenschaften unterschieden: extensiv, mit niedriger Intensität, durchschnittlich, mit hoher und sehr hoher Intensität. Unter Berücksichtigung dieser Klassifizierung wurden für jeden Typ von Genossenschaften sogenannte „Kontrollstufen“ bestimmt. Die für die fünf Intensitätstypen ausgearbeiteten Normative sind von den Planungs- und Landwirtschaftsorganen des Landes akzeptiert und auch angewandt worden.

Gegenwärtig befaßt sich das Institut mit Problemen des Nutzeffektes der gesellschaftlichen Arbeit in der Landwirtschaft. Es ist die Erhöhung des Bruttoproduktes bei steigender Effektivität des zusätzlichen Aufwandes zu gewährleisten. Die Lösung dieser Aufgabe erfolgt in drei Arbeitsetappen.

Schlußfolgerungen

1. Zu einigen theoretischen Ausgangsfragen bei der Intensivierung der Landwirtschaft gibt es trotz Übereinstimmung in grundsätzlichen Aspekten noch Unstimmigkeiten und Unklarheiten unter den Agrarökonomen der sozialistischen Länder. Den höchsten Stand der theoretischen Klärung, insbesondere in den Beziehungen der Intensivierung zum Reproduktionsprozeß, scheinen die Arbeiten der DDR aufzuweisen.

   Folgendes wird für zweckmäßig gehalten:

a) Planmäßige Vervollständigung des jetzt vorliegenden Materials zur Theorie der Intensivierung auf der Basis des Beitrages von GROSCHOFF/WIRSIG im Hinblick auf eine gezielte Beteiligung der DDR an der Diskussion zu Fragen der Intensivierung auf der nächsten Konferenz der agrarökonomischen Institute der sozialistischen Länder
b) Sachkundige Bemühungen um die eindeutige Übersetzung und inhaltliche Bestimmung von Begriffen, die im Zusammenhang mit dem Reproduktionsprozeß Beziehungen zur Intensivierung aufweisen.

2. In fast allen sozialistischen Ländern ist erkannt worden, daß mit der weiteren Intensivierung der Landwirtschaft, die zugleich zu einer modernen, industriemäßig organisierten Landwirtschaft führt, die funktionalen Zusammenhänge der den Produktionsprozeß bedingenden Faktoren an Bedeutung gewinnen. Dementsprechend wurden bereits für die Forschung Schlußfolgerungen gezogen, jedoch noch ungenügend in Hinblick auf die sich zukünftig immer stärker ergebenden Forderungen aus der entwickelten sozialistischen Warenproduktion, sowohl in volks- als auch in betriebswirtschaftlicher Hinsicht.
3. In fast allen sozialistischen Ländern existieren Forschungseinrichtungen, die zum Schwerpunkt „Intensivierung" Forschungsaufgaben langfristig bearbeiten lassen. Die DDR gehört zu den Ausnahmen, in denen das nicht der Fall ist.
Es sollten Überlegungen angestellt werden, wie diesem Mangel bei uns, zumindest durch Koordinierung laufender Arbeiten im Rahmen des Schwerpunktplanes der Agrarforschung, abgeholfen werden kann.
4. Die in den agrarökonomischen Instituten der anderen sozialistischen Länder durchgeführten Forschungen zu methodischen und praktischen Problemen der Messung und Beurteilung der Intensität lohnen gezielte Studienreisen mit Erfahrungsaustausch an Ort und Stelle.

Zusammenfassung

Trotz Übereinstimmung in grundsätzlichen Aspekten gibt es zu einigen theoretischen Ausgangsfragen bei der Intensivierung der Landwirtschaft unter den Agrarökonomen der sozialistischen Länder noch gewisse Unstimmigkeiten und Unklarheiten. Auf die wesentlichsten Unterschiede wurde hingewiesen. In fast allen sozialistischen Ländern ist jedoch erkannt worden, daß mit der weiteren Intensivierung der Landwirtschaft, die zugleich zu einer modernen, industriemäßig organisierten Landwirtschaft führt, die funktionalen Zusammenhänge der den Produktionsprozeß bedingenden Faktoren an Bedeutung gewinnen. Dementsprechend wurden bereits für die Forschung Schlußfolgerungen gezogen, jedoch noch ungenügend in Hinblick auf die sich zukünftig immer stärker ergebenden Forderungen aus der entwickelten sozialistischen Warenproduktion, sowohl in volks- als auch in betriebswirtschaftlicher Hinsicht. Eine weitere Koordinierung der Forschungsaufgaben zur Untersuchung theoretischer und praktischer Probleme der Intensivierung wird für sinnvoll gehalten.

Резюме

Название работы: О теоретических проблемах интенсификации сельского хозяйства в социалистических странах

Несмотря на совпадение основных аспектов, между экономистами сельского хозяйства социалистических стран по некоторым теоретическим исходным вопросам интенсификации сельского хозяйства еще имеются определенные разногласия и неясности. Основные различия указываются. Однако почти во всех социалистических странах признано, что по мере дальнейшей интенсификации сельского хозяйства, которая одновременно приведет к развитию современного сельского хозяйства, оргачизованного на промышленных основах, приобретают значение функциональные взаимосвязи факторов, обуславливающих производственный процесс. Соответственно этому были сделаны выводы для исследований, однако еще недостаточно, как в народнохозяйственном, так и внутрихозяйственном отношении, если учитывать все возрастающие требования развитого социалистического товарного производства. Целесообразным считается дальнейшее координирование исследовательских работ для изучения теоретических и практических проблем интенсификации.

Summary

Title of the paper: On theoretical problems relating to intensification in agriculture in socialist countries

Despite a large measure of agreement among agricultural economists in socialist countries on fundamental aspects relating to intensification in agriculture, there are some divergences of views and unclarity on some theoretical questions. The main differences have been alluded to. In nearly all socialist countries it has come to be recognised that with the further intensification in agriculture, leading at the same time to an agriculture organised on a modern and industry-like scale, the functional relations of factors conditioning the production process are of increasing importance. Although appropriate conclusions have been drawn, there is still, however, an insufficient appreciation of the future requirements that will steadily mount from the developed socialist commodity production. This applies both to farm management and the national economy. It is believed that a further coordination of research tasks in examining theoretical and practical problems in intensification will be fruitful.

Literatur

Autorenkollektiv unter Leitung von GROSCHOFF, K.: Sozialistische Intensivierung. Berlin, Dietz-Verlag 1966

BADEWITZ, S.: Intensivierung und Rationalisierung – Maße, Maßstäbe und ihre Messung. Z. Agrarökonomik 1966, H. 6

DUPAL, I.; HAVLICEK, I.: Die ökonomische Wirksamkeit der landwirtschaftlichen Produktion und die Methoden ihrer Feststellung. Internat. Z. Landwirtsch., Sofia-Berlin, 5 (1961), S. 99–110

GATEV, G.: Die Intensivierung der landwirtschaftlichen Produktion in Bulgarien. Ikon. misul, Sofija 8 (1963), 6, S. 52–64

GROLLIG, A.: Über die Produktionsintensität und Arbeitsproduktivität in landwirtschaftlichen Betrieben. Sbor. Vys. Skoly Zemed., R. A., Brünn (1962), 3–4, S. 181–193

GROSCHOFF, K.; WIRSIG, H.: Zur Herstellung der Rationalisierung und Intensivierung im Reproduktionsprozeß. Vortrag i. d. Sektion Agrarökonomik Dt. Akad. Landwirtsch.-Wiss. Berlin, September 1967

JANNERMANN, G.: Probleme der Intensivierung und Rationalisierung der landwirtschaftlichen Produktion in der DDR. Referat auf der VII. wissenschaftlich-methodischen Konferenz der Direktoren und leitenden wissenschaftlichen Mitarbeiter der Institute für Agrarökonomik der sozialistischen Länder in Moskau, 1967 a

JANNERMANN, G.: Zum ökonomischen Nutzen beim Einsatz chemischer Produktionsmittel in der Landwirtschaft. Wiss. Z. Univ. Rostock, Math.-Naturwiss. R. 16 (1967 b), H. 3.

JANOVIC, I.: Grundprobleme der Erforschung der Intensivierung der tschechoslowakischen Landwirtschaft. Referat auf der VII. wissenschaftlich-methodischen Konferenz der Direktoren ... Moskau 1967

KIREV, P.: Über den ökonomischen Nutzeffekt der Intensivierung der Produktion in den LPG. Koop. zemedelie, Sofija .... (1966), 8, S. 13–16

KOTOV, G. G.: Ökonomische Grundlagen der Intensivierung der Landwirtschaft. Referat auf der VII. wissenschaftlich-methodischen Konferenz ...... Moskau 1967

KUBAT, F.: Begriff, Wesen und Veranschaulichung der Intensität der Produktion in den sozialistischen landwirtschaftlichen Betrieben. Zemed. Ekon., Praha 7 (1961 a), 8, S. 591–604

KUBAT, F.: Ermittlung der Produktions- und Betriebsintensität in sozialistischen landwirtschaftlichen Betrieben. Zemed. Ekon., Praha 7 (1961 b) 8–9, S. 605–616

LOM, F.: Die Intensität in der Landwirtschaft. Zemed. Ekon., Praha 7 (1961) 4, S. 309–330

POSVAR, Z.: Beitrag zur Feststellung der Intensität der landwirtschaftlichen Produktion. Sb. VSZ v Brne, rada A, Praha (1962), 3/4, S. 467–481

RUMJANCEVA, A. V.: Probleme der Intensivierung der Landwirtschaft. Referat auf der VII. wissenschaftlich-methodischen Konferenz ..... Moskau 1967

SCHILLING, H.: Zu einigen theoretischen Problemen der Intensivierung der Landwirtschaft. Z. Agrarökonomik 1965

STAROVEROVA, V.: Die Untersuchung der Intensivierung der Agrarproduktion durch die Methode der Gruppierung. Vestn. Statist., Moskva ... (1966), 12, S. 4–11

STOCES, F.; LUPAL, J.: Bedeutung und Methoden der Effektivitätsbestimmung in der landwirtschaftlichen Produktion. Sbor. Vys. Skoly Zemed., Praha (1962), S. 79–110

STOILOV, S.: Das Verhältnis zwischen intensiver und extensiver erweiterter Reproduktion in den LPG. Novo vreme, Sofija 39 (1963), 6, S. 53–66

SYNZYNYS, B. Z.: Über die Besonderheiten der Intensivierung und den optimalen Stand der Intensität der Agrarproduktion. Doklady i soobscenija, Moskva ... (1966), 31, S. 40–48

SZETE, L.: Fragen der Intensität und Spezialisierung der Landwirtschaft in Ungarn. Referat auf der VII. wissenschaftlich-methodischen Konferenz ..... Moskau 1967

WIRSIG, H.: Komplexe sozialistische Rationalisierung und Intensivierung der landwirtschaftlichen Produktion. Z. Agrarökonomik 1967, H. 4

ZAL'CMAN, L. M.: Die Intensivierung der Landwirtschaft und die Methoden ihrer ökonomischen Einschätzung. Vestn. sel'choz. Nauki, Moskva 9 (1964) 10, S. 27–33

o. V.: Thesen zur Durchsetzung der komplexen sozialistischen Rationalisierung und Standardisierung. Beil. Neuer Weg 1966 a, Nr. 17

o. V.: Wissenschaftliche Diskussionen: Über die Effektivität der wissenschaftlichen Forschungen (Antwort der Redaktion). Kommunist 1966 b, 13. Sept.

o. V.: Zum Begriff der Intensivierung der sozialistischen Landwirtschaft, zu Problemen der zweckmäßigen Intensivierung der sozialistischen Landwirtschaftsbetriebe in der DDR und zur Messung des Intensitätsniveaus. Z. Agrarökonomik 1965, H. 8

Anschrift des Verfassers:

Prof. Dr. agr. habil. Gerhard JANNERMANN
Sektion Meliorationswesen und Pflanzenproduktion
der Universität Rostock – Bereich Ökonomik –
25 Rostock, Satower Straße

Karl-Diether GUSSEK

Kritik methodologischer Grundlagen der bürgerlichen landwirtschaftlichen Betriebslehre aus dem Bereich der Intensitätstheorie

1. Begriff und Zielsetzung der bürgerlichen Intensitätslehre

Die Thematik kann von unserem Standpunkt, dem marxistisch-leninistischen, nur eine Kritik der Theorie der Intensivierung sein. Die Kritik kann sich ganz allgemein auf 3 Aspekte erstrecken:

1. in bezug auf die apologetische bürgerlich-ideologische Funktion und den Vulgarismus,
2. auf die Theorie als Instrumentarium der wirtschaftlich-organisatorischen Funktion in einem Agrarkapitalismus, der staatsmonopolistisch dirigiert wird, und
3. auf die Herausschälung der wissenschaftlichen Elemente im Sinne des traditionellen wissenschaftlichen Erbes und der möglichen kritischen Rezeption für sozialistische Produktionsverhältnisse.

Die rezeptive Kritik ist heute für uns von einer überhöhten Position, von der Position unseres Sieges aus einfacher zu führen. Vor dem Sieg der sozialistischen Produktionsverhältnisse stand der Kampf gegen die Apologie und die reaktionären Elemente in der bürgerlichen Lehre im Vordergrund. Er ist auch heute noch eine bedeutende Aufgabe unserer Wissenschaft. Apologie und Vulgarismus sind keine subjektiven Werturteile, sondern objektive wissenschaftliche Kategorien.

Was das rezeptive Studium der bürgerlichen landwirtschaftlichen Betriebslehre betrifft, gilt das gleiche, was LENIN (1957, 1960, 1961, 1962 a, 1962 b, 1962 d) seinerzeit zum Taylorsystem sagte. Unter Beachtung dessen, daß die Erkenntnisse unter den Bedingungen des kapitalistischen Ausbeutungsprozesses und der Zielsetzung nach maximalem Profit gewonnen werden, liegen die auswertbaren Erkenntnisse vor allem in materiellen, organisatorischen und methodischen, aber auch in anderen Bereichen (BERGER und REINHOLD, 1966, S. 121 ff.).

Selbstverständlich wachsen die wissenschaftlichen Elemente in der bürgerlichen Agrarökonomik tendentiell mit der Annäherung an den betriebsökonomischen Bereich. Ihre rezeptive Kritik unterliegt aber den gleichen Einschränkungen, da sie ebenfalls im agrarkapitalistischen Ausbeutungsprozeß funktionieren. Neuerdings ergeben sich für die bürgerliche Betriebslehre weitere Einschränkungen in bezug auf die Verwendung wissenschaftlicher Elemente unter sozialistischen Produktionsverhältnissen. So betont z. B. WEINSCHENCK, (1964, S. 13) einem Trend der allgemeinen bürgerlichen Ökonomie folgend, daß seine „Theorie des Betriebes ... Schlußfolgerungen für die quantitative gesamtwirtschaftliche Angebotsanalyse" ... eben aus den Erkenntnissen der Mikrotheorie" bieten soll. WEINSCHENCK bleibt nicht nur bei dieser Feststellung stehen, „daß die Makroanalyse der Mikroanalyse" folgen soll, sondern versucht sich auch darin, die bürgerliche politische Ökonomie aus der subjektiven Verhaltensweise von Individuen und Betrieben zu entwickeln. Der Ersatz der Begriffe Betriebsökonomik und Nationalökonomik durch Mikro- und Makroökonomik zeigt übrigens bereits die methodologische Voraussetzung an. Betriebsökonomik und Nationalökonomik werden wie zwei unterschiedliche Quantitäten behandelt. Die qualitativen Unterschiede scheinen nicht zu existieren oder lösen sich in einfacher Quantität auf. Diese Spielart, Erkenntnisse der Betriebslehre für den Ausbau der Volkswirtschaftslehre zu benutzen, bereits von THÜNEN (1875), AEREBOE (1928)), BRINKMANN (1922) u. a. praktiziert, macht LENINS Hinweis, daß „man keinem einzigen Professor der politischen Ökonomie, der imstande ist, auf dem Gebiet spezieller Tatsachenforschung die wertvollsten Arbeiten zu liefern, auch nur ein einziges Wort glauben darf, sobald er auf die allgemeine Theorie der politischen Ökonomie zu sprechen kommt", wieder aktuell (1962 c, S. 347).

Die Intensität als betriebswirtschaftliches Problem ist schon von THAER (1815, 1837), dessen Werk am Anfang der bürgerlichen Betriebslehre stand, herausgestellt und in der Folge mehr oder weniger stark betont worden, bis BRINKMANN (1922), der von THÜNEN (1875) ausging, „die Ökonomik des landwirtschaftlichen Betriebes" überhaupt auf den Kategorien „Intensitätsstufen" und „Standortorientierung" aufbaute. Vor ihm hatte nach THÜNEN schon BIRNBAUM (1863) vor etwa 100 Jahren die komplexe Betrachtung von Intensivierung, Rationalisierung und Marktanpassung gefordert. Gegenwärtig tritt uns die Intensivierung weder als Kategorie noch als eigenständiges Problem so zentral entgegen. WEINSCHENCK (1964) stellt die Grundproblematik unter das Thema: „Optimale Organisation des landwirtschaftlichen Betriebes" und KEHRBERG/REISCH kommen mit ihrer Definition der Wirtschaftswissenschaft bis in die Nähe einer Lehre der „Produktionsmittelzuteilungsprobleme" (KEHRBERG und REISCH, 1964, S. 7). Die Grundproblematik ist die gleiche wie bei BRINKMANN und AEREBOE geblieben, und zwar geht es um die Frage:

Welche Produktionszweige, mit welchem Umfang und welcher Höhe des Aufwandes sowie welcher Zusammensetzung des Aufwandes werfen bei gegebenen Produktionsbedingungen eines bestimmten Betriebes den höchsten Profit ab? So schreiben KEHRBERG und REISCH:

„1. Welches ist das optimale Faktoreneinsatz- oder Produktionsniveau (= optimale Produktionsintensität),
2. welche Faktorenkombinationen sollten verwendet werden, um das optimale Ertragsniveau zu erreichen (= optimale Produktionstechnik) und
3. welche Produktionskombination soll gewählt werden (= Produktionsrichtung)?" (KEHRBERG und REISCH, 1964, S. 37; siehe auch WEINSCHENCK, 1964, S. 54, der die Produktionsintensität als spezielle Intensität bezeichnet.)

KEHRBERG und REISCH bemerken, daß diese Fragen meistens mit dem Ziel der Gewinnmaximierung beantwortet werden, obwohl es nur ein „intermediäres" sei und andere Zielsetzungen möglich sind. Obwohl die Gewinnmaximierung im subjektiven Sinne ein Zwischenziel sein kann, so ist es doch Apologie, die Profitmacherei für den Agrarkapitalismus zum intermediären Ziel zu machen.

Auch BRINKMANNS Auffassung von den Unterschieden zwischen intensiv und rationell – rationell sein, den höchsten Gewinn abwerfen, kann jeder Intensitätsgrad – ist noch heute in der bürgerlichen Lehre gültig (BRINKMANN, 1922, S. 29). Das gleiche gilt von der Definition des Grades und der Grenze der Intensität:

$$I = \frac{A + K + Z}{F}$$

I = Grad, A = Lohnaufwand, K = Kapitalverbrauch, Z = Zinsansprüche des Betriebskapitals, F = Umfang des landw. Areals (BRINKMANN, 1922, S. 30).

Extensiv und intensiv sind relative Begriffe. Einer kann fast durch den anderen z. B. in Form von weniger oder mehr intensiv ersetzt werden. Um dem aufwendigen Streit hinsichtlich des Begriffes „Intensität" zu entgehen und zugleich die Problematik zu erfassen, die es eigentlich betrifft, nämlich den Zusammenhang von steigender Bruttoproduktion, Arbeitsproduktivität und Rentabilität bzw. sinkenden Kosten, kann auch auf den Begriff verzichtet werden, was auch in der Tendenz der Fall ist. Im allgemeinen wird aber unter dem Begriff „Intensität" das Verhältnis von Kapital und Arbeit zum Boden verstanden. BRINKMANN kommt sogar in die Nähe einer Definition, die die Intensität als Verhältnis zwischen gesellschaftlichen und natürlichen Produktivkräften bestimmt, bei dem die Stufe 0 dann der nur durch die Ernte berührte Naturprozeß ist. Diese Auffassung beleuchtet das allgemeine Wesen des Intensivierungsprozesses als Verhältnis zwischen dem natürlichen und ökonomischen Reproduktionsprozeß. Es geht um die Effiziens des Produktionsprozesses, hervorgrufen durch wachsenden Einsatz von gesellschaftlicher Arbeit.

Mit der quantitativen Durchdringung des Intensivierungsprozesses und der zunehmenden Spezialisierungstendenz wird notwendigerweise auch die Bezugsgrundlage Boden mindestens durch die des Nutztieres ergänzt. Es ist klar, daß vom praktischen und betriebswirtschaftlichen Interesse erst eine Aufgliederung des gesellschaftlichen Aufwandes an Arbeit und seines Effektes in den einzelnen Zweigen ist.

Darüber hinaus geriet der Begriff „Intensität" unter Einschränkungen. WEINSCHENCK definiert eine spezielle Intensität. Dieser Begriff bleibt bei ihm faktisch überhaupt nur noch als Intensitätsbegriff übrig. Er versteht darunter die Aufwendungen je ha oder je Tier. Diese Aufwendungen sind aber eigentlich nur die fruchtspezifischen Aufwendungen an vergegenständlichter Arbeit bzw. in der Veredlungswirtschaft die Aufwendungen an spezifisch ertragsteigernden Produktionsmitteln und ab und zu auch die speziellen Aufwendungen an lebendiger Arbeit (spezielle Arbeitskosten). Diese Einschränkung macht WEINSCHENCK

(1964), weil er voraussetzt, daß der Aufwand der fixen Produktionsmittel in der Mehrzahl der Fälle unverändert bleibt. Beim gegenwärtigen Stoßbedarf an Investitionen in der wissenschaftlich-technischen Revolution, aber selbst auch für kurzfristige Aufwendungen, ist das Verfahren nur sehr eingeschränkt verwendbar.

KEHRBERG und REISCH (1964) benutzen etwa im ähnlichen Sinne, wenn auch nicht in so eingeschränkter Form, den Begriff „Produktionsintensität", wobei sie auf den BLOHMschen Begriff der Organisationsintensität verzichten (BLOHM, 1959). Dies tut übrigens WEINSCHENCK auch. Der Inhalt dieser beiden benutzten Intensitätsbegriffe wird auch deutlicher, wenn man weiß, daß neben ihnen Begriffe wie Änderung der Aufwandszusammensetzung und Änderung der Produktionsrichtung existieren.

BRINKMANN (1922, S. 33) formulierte die Intensitätsgrenze folgendermaßen: „Die privatwirtschaftlich zulässige Höchstgrenze für den Betriebsaufwand liegt stets da, wo Grenzertrag und Grenzaufwand sich decken, d. h., wo die letzte Aufwandseinheit sich noch eben bezahlt macht, durch die zugehörige Rohertragsquote, und zwar mit Einschluß der Zinsansprüche für das eingesetzte Kapital". Bei den Bodennutzungszweigen wird nicht der Punkt gesucht, „an dem ein Bodennutzungszweig die ihm zugeteilten Flächen überhaupt noch, sondern der Punkt, wo er sie noch eben besser bezahlt macht als die konkurrierenden Zweige" (BRINKMANN, 1922, S. 74). Bei der Nutzviehhaltung gilt es, „für jedes einzelne Produkt die Frage zu beantworten: Wo liegt der letzte Zentner, der diesem Verwertungsweg noch eben mit größerem Vorteil zugewiesen wird als irgendeinem anderen?" (BRINKMANN, 1922, S. 102; siehe auch AEREBOE, 1901, S. 57). An diesen Bestimmungen, Zielsetzungen und Grenzen hat sich allgemein nichts geändert. Sie finden sich auch bei allen Vertretern der Grenznutzenschule (HARROD, ROBINSON, CARLSON, STACKELBERG, SCHNEIDER u a.). WEINSCHENCK (1964, S. 14) faßte diese Bedingungen für die Gewinnmaximierung wie folgt zusammen:

a) Die Erzeugung wird soweit ausgedehnt, bis der Grenzertrag der Produktionsausdehnung ihren Grenzkosten gleich ist.
b) Die Produktionsfaktoren werden so miteinander kombiniert, daß ihre jeweiligen Grenzerträge sich zueinander verhalten wie die Grenzkosten ihrer Verwendung.

Oder KEHRBERG und REISCH (1964, S. 92), welche für die Produktion eines Produktes die Gleichgewichtslage dadurch kennzeichnen, „daß die in Geld gemessenen Grenzerträge der variablen Faktoren jeweils gleich ihren Preisen sind".

BUSCH (1958, S. 106 ff.) bezeichnet diese Zusammenhänge als „Intensitätsgesetz". Er schreibt: „Die Ziele der landwirtschaftlichen Tätigkeit sind nicht möglichst hohe tierische Natural- und auch nicht Bruttogelderträge, so sehr es auch den Ehrgeiz befriedigen mag, mit höchsten Zentnerzahlen je ha oder Literzahlen je Kuh zu prunken".

Gegenwärtig sieht es so aus, als ob sich tatsächlich diese Vorstellungen der bürgerlichen Betriebslehre in der Praxis wiederfinden. Dies wäre bedeutungsvoll, weil sich bisher die Landwirtschaft über ihre Krisen tendentiell mit immer stärkerer Intensivierung hinweggerettet hatte.

In der bürgerlichen Theorie werden die Begriffsbestimmungen immer unbestimmter, je näher sie an den Mehrwert heranreichen. Aufwand und Ertrag, Gewinn, Preis usw. werden nicht einheitlich als Begriffe verwandt und spiegeln auch nicht das Wesen der kapitalistischen Warenproduktion wider. MÜLLER (1962) hat sich in seiner Arbeit „Der kapitalistische Charakter der agrarpolitischen Grundlagen der bürgerlichen landwirtschaftlichen Betriebslehre" mit dem Inhalt der Kategorien Aufwand und Ertrag auseinandergesetzt. Deshalb beschäftigen wir uns hier nur mit folgendem Aspekt. Die oben genannten Definitionen sind fast ausnahmslos auf den agrarkapitalistischen Betrieb, und zwar auf einen, der, wie THÜNEN sagte, Konsequenz der Bewirtschaftung betreibt, gerichtet. Die Höhe der Intensitätsgrenzen liegt aber theoretisch und auch praktisch für die einzelnen sozialökonomischen Formationen sehr unterschiedlich. Wenn Grundeigentümer und Kapitalist in einer Person vereinigt sind, dann kann der Agrarkapitalist unter Umständen auf Realisierung von absoluter Rente und evtl. sogar von Differentialrente verzichten. Er hat damit ein größeres Spannungsfeld zwischen Aufwand und Ertrag zur Verfügung als der kapitalistische Pächter. Dieser muß mindestens Durchschnittsprofit und absolute Rente realisieren. Wenn die Höhe der Pacht, durch günstige Bedingungen der Auseinandersetzung mit dem Grundeigentümer, relativ niedrig liegt, kann er evtl. auf die Realisierung von Differentialrente verzichten. Am engsten ist das Spannungsfeld bei verschuldeten kapitalistischen Pächtern. Das stimmt mit der kapitalistischen Praxis in Westdeutschland überein. Diese Pächter sind gegenwärtig die ersten, die mit dem Intensitätsniveau zurückgehen, bzw. ihr Kapital in anderen Zweigen der Volkswirtschaft anzulegen versuchen. Der werktätige Bauer kann die Spanne zwischen Aufwand und Ertrag auf Kosten des notwendigen Ersatzes seiner Arbeitskraft, durch Unterkosumtion, erweitern. Diese Praxis trifft nach den „Grünen Berichten" selbst für relativ fortgeschrittene Betriebe zu. Die halbproletarischen Wirtschaften können das Spannungsfeld zwischen Aufwand und Ertrag bei relativ hohem Lohn aus industrieller Arbeit am dehnbarsten gestalten. Selbst die Kosten der vergegenständlichten Arbeit brauchen dann z. T. nicht mehr aus dem Ertrag der halbproletarischen Wirtschaft gedeckt zu werden. Dieser Fakt ist einer der interessantesten in Westdeutschland. Die halbproletarischen Betriebe sind gegenwärtig z. T. auf höherer Intensitätsstufe und besser je ha LN mechanisiert als die übrigen. Diese Erscheinung wird mit dem Absinken der industriellen Konjunktur wieder verschwinden.

Auch industrielle Kapitalisten, die Landwirtschaft als Marotte betreiben, können ähnlich verfahren bzw. sich mit dem Durchschnittsprofit zufriedengeben.

Grundsätzlich muß aber festgehalten werden, daß im Kapitalismus zum Aufwand der Durchschnittsprofit gehört.

Es wird auch in der Theorie so getan, als ob es die westdeutschen Bauern noch immer mit einem Kapitalismus der freien Konkurrenz zu tun hätten. KEHRBERG und REISCH (1964) deuten allerdings die Existenz von Monopolpreisen an. Tatsache ist, daß rd. 87 % der Preise aller landwirtschaftlichen Produkte durch die Marktordnungen festgelegt sind und der Produktionsmittelmarkt noch stärker unter monopolistischem Einfluß steht. Diese Tatsachen, einschließlich der staatlichen Subventionspolitik usw., machen das Preis-Kostenverhältnis zu einem weitgehend staatsmonopolistisch regulierten Verhältnis. Von einem sich durch das „freie Spiel der Kräfte" herstellenden Gleichgewichtszustand kann nicht die Rede sein. Damit wird auch im Grunde die zulässige Intensitätsstufe durch die herrschenden Klassen und ihren Staatsapparat diktiert.

Heute spielt in der bürgerlichen volkswirtschaftlichen Praxis, z. B. der eines SCHILLER, die Investitionspolitik eine große Rolle. Auch WEINSCHENCK (1964) erwähnt die Abschreibungen als Freisetzungseffekt für Investitionen. Selbstverständlich, ohne zu zeigen, daß hier den Arbeitern abgepreßter Mehrwert zu erneuter Ausbeutung verwandt wird. Im Gegenteil, es wird der Eindruck erweckt, als ob der Profit des Kapitalisten dadurch zusammenschmilzt.

Eingehendere Quantifizierung, stärkere Differenzierung der Zusammenhänge, ein weiteres Abrücken von der Fiktion eines Gesetzes vom abnehmenden Ertragszuwachs und die entsprechenden Konsequenzen für die Kostenrechnung sind die eigentlichen Unterschiede zu BRINKMANN. Obwohl die erste exaktere Formulierung dieser Thesen von AEREBOE (1901, S. 57) gegeben wurde, sperrte er sich in gewissem Sinne gegen die Konsequenzen, die sich daraus für die Kostenrechnung ergaben. Diese Barriere räumen nun die neueren Agrarökonometriker beiseite.

2. Zur Problematik der formalen Gleichheit bestimmter Kategorien der sozialistischen und kapitalistischen Warenproduktion

Nachdem klargeworden ist, daß der Übergang von der sozialistischen zur kommunistischen Phase der Entwicklung kein kurzer, subjektiv zusammengedrängter Prozeß sein kann, sondern ein längerer sein muß, nachdem ersichtlich ist, daß diesem Prozeß keine einfache Weiterentwicklung der Produktivkräfte zugrunde liegt, sondern daß er auf der wissenschaftlich-technischen Revolution beruht, nachdem sich herausgestellt hat, daß die Warenproduktion nicht einfach kraft der wirtschaftlichen Funktion des sozialistischen Staates, sozusagen von äußeren Faktoren her in kommunistische Formen der Produktion übergeleitet werden kann, sondern daß sie vom Staat bewußt von innen heraus entfaltet werden muß, nachdem wir diese Erkenntnisse klarer vor Augen haben, müssen wir u. a. auf die weitere Entfaltung der sozialistischen Warenproduktion Kurs nehmen (ULBRICHT, 1967). Eine falsche und geringschätzige Haltung zu den Gesetzen der sozialistischen Warenproduktion ist nicht vereinbar mit dem ökonomischen System des Sozialismus. BERGER und REINHOLD (1966, S. 88) führen die teilweise Unterschätzung der Kategorien der Warenproduktion darauf zurück, daß während vorangegangener Phasen unserer Entwicklung private und kapitalistische Produzenten sich auf Kosten der Gesellschaft zu bereichern versuchten und die strenge Kontrolle des Staates den Eindruck erweckte, als würde auf dem Wege zum Sozialismus die Wirkung des Wertgesetzes und die Warenproduktion „abgeschafft“, „statt zu begreifen, daß es lediglich um die allmähliche Überwindung der privaten Warenproduktion geht“. In ähnlicher Weise wurden diese Vorstellungen durch STALINS Arbeit „Ökonomische Probleme des Sozialismus in der UdSSR“ genährt. Walter ULBRICHT schreibt, es „wurden häufig die Kategorien der sozialistischen Ökonomik, die formal den Kategorien der kapitalistischen Ökonomik ähnlich sind (Geld, Preis, Gewinn usw.) als unvermeidliches ‚Übel‘ betrachtet, deren Wirksamkeit überwunden werden muß ... Mit dem Sieg der sozialistischen Produktionsverhältnisse beginnen alle Elemente des gesellschaftlichen Systems des Sozialismus ... sich auf der eigenen Grundlage des Sozialismus zu entwickeln“ (ULBRICHT, 1967).

Die formale Gleichheit beruht nicht nur darauf, daß verschiedentlich gleiche Wörter als Träger der Begriffe verwandt werden. Sie beruht darauf, daß
1. der landwirtschaftliche Produktionsprozeß in beiden Produktionsweisen auf hohem technologischen Niveau steht und
2. beide Male als Warenproduktion abläuft.

Diese formale Gleichheit wird in gewisser Beziehung noch größer, je mehr wir zu einer entwickelten sozialistischen Warenproduktion übergehen.

Für die sozialistischen und die kapitalistischen Produktionsverhältnisse lautet eine allgemeine praktische Frage: Welche Intensität ist rationell? In der entwickelten sozialistischen Warenproduktion werden, bezogen auf das betriebswirtschaftliche Ziel, unterschiedliche Intensität oder, anders ausgedrückt, auch weniger intensive Betriebe rationell sein, wobei sich die allgemeine Tendenz zum Ausgleich des Intensitätsniveaus durch die wissenschaftlich-technische Revolution verstärken wird.

Die theoretische Frage lautet: Wodurch wird die Intensitätsstufe bestimmt? Ganz allgemein läuft es darauf hinaus daß in die Produktion nie mehr hineingesteckt werden darf, als herauskommt. Unter den Bedingungen einer Warenproduktion wird intensiviert, wenn die wertmäßige Differenz zwischen Aufwand und Rohertrag gleich bleibt bzw. bei Rohertragssteigerung wächst. Andernfalls tritt eine Einbuße an Reineinkommen und schließlich unersetzter Verbrauch an Produktionsmitteln und Arbeitskraft ein.

In Zukunft werden bei uns zum Aufwand neben den Bodenfondsabgaben auch Abgaben vom Produktionsfonds und evtl. auch für Arbeitskräftefonds gehören. Diese sind politökonomisch keine Bestandteile eines Mehrwertes, sondern sie charakterisieren Mehrprodukt, das als Zwang zum rationellen Wirtschaften mit knappen natürlichen und ökonomischen Ressourcen auf die Kosten aufgeschlagen wird. Wie auf dem VII. Parteitag dargelegt, wird auf der Ebene des Betriebes der Gewinn zur Hauptkennziffer.

Die Frage nach dem Unterschied in der kapitalistischen und sozialistischen Warenproduktion konzentriert sich auf die Frage nach

- der konkreten Zielsetzung,
- dem Regler der Prozesse und
- dem Wesen (qualitativen und quantitativen Inhalts) der Begriffe.

Das Streben nach maximalem Agrarprofit ist durch das Ziel der sozialistischen Produktion abgelöst worden. „Das Ziel der sozialistischen Produktion ist die ständig bessere Befriedigung der materiellen und geistigen Bedürfnisse der Mitglieder der Gesellschaft, die Entfaltung der sozialistischen gesellschaftlichen Beziehungen und der Persönlichkeit der Menschen, ihrer schöpferischen Fähigkeiten und die Stärkung ihrer politischen Organisation, des Staates und der Gesellschaft“ (ULBRICHT, 1967). Statt des spontan wirkenden Mehrwert- und Wertgesetzes regelt die sozialistische Gesellschaft die Produktion durch die bewußte Ausnutzung des Systems der ökonomischen Gesetze des Sozialismus, einschließlich durch die Nutzung des Gesetzes der planmäßigen Entwicklung und des Wertgesetzes.

Die oft praktizierte Methode, den bürgerlichen Standpunkt einfach nur gegen den sozialistischen auszutauschen, ist falsch. Es muß auch die Methode und Technik des Herangehens an die Lösung der Aufgaben geändert werden. Dies hat besonders unter dem Aspekt des Zusammenwirkens „des Leiters eines sozialistischen Betriebes mit den Angehörigen (der Arbeiterklasse) seiner eigenen Klasse“ zu geschehen (BERGER und REINHOLD (1966, S. 121).

3. Die Grenznutzentheorie als methodologische Grundlage der bürgerlichen Intensitätslehre

Die Anwendung mathematischer Methoden in der Ökonomie und mit ihr die Grenzgrößenrechnung, wie überhaupt die Verwendung des Marginalbegriffs, sind noch vor einigen Jahren in unserer Republik deswegen diskutiert worden, weil verschiedene ihrer Befürworter zugleich Träger der Grenznutzentheorie waren. Es ist irrig und auch schädlich, im Sinne der zu verbreitenden Anwendung mathematischer Methoden, Grenznutzentheorie und Grenzgrößenrechnung gleichzusetzen. Auch die betreffenden Spekulationen bürgerlicher Ökonomen sind auf Sand gebaut.

WEINSCHENCK irrt sich mit den folgenden Sätzen: „Mit der Einführung dieses Verfahrens (Bewertung der Produktionsfaktoren auf der Basis marginaler Nutzungskosten, d. Verf.) würde nicht nur das ganze Gebäude der Kennziffern, sondern mehr oder weniger auch die gesamte marxistische Wertlehre zusammenbrechen...

Die im wirtschaftstheoretischen Kern dieses Verfahrens verborgene Grenznutzentheorie, die als bürgerliches Wirtschaftsdenken offiziell abgelehnt wird, stellt die sowjetische Wirtschaftsführung vor die Wahl, entweder die Verwendung mathematischer Planungsverfahren vom Typ der linearen Programmierung wieder aufzugeben oder die mit ihrer Einführung zwangsläufig verbundene Wandlung des wirtschaftlichen Denkens zu akzeptieren“ (WEINSCHENCK und HEIDHUES, 1965, S. 299).

WEINSCHENCK bringt dem Antikommunismus sein Opfer. Er nutzte einige theoretisch-methodologische Diskussionen in der Sowjetunion aus. Darüber hinaus ließ er sich von direkt in unserer Republik kennengelernten Randerscheinungen leiten. In unserer Republik gab und gibt es Wissenschaftler, die sich mit mathematischen Methoden in der Agrarökonomie beschäftigten, die aber nie auf dem Boden der MARXschen Arbeitswerttheorie standen. Diese Wissenschaftler als Träger des von den bürgerlichen Ökonomen übernommenen mathematischen Apparates haben die mathematischen Methoden in der Anfangsphase unserer Diskussion in gewissem Sinne diskreditiert und die Diskussion um sie erschwert. Es hat auch nicht an Versuchen gefehlt, uns, ähnlich wie WEINSCHENCK, mit der Anwendung mathematischer Methoden die verschiedensten Spielarten ausgesprochener bürgerlicher Konzeptionen aufzudrängen. Neben der Variante, daß mathematische Methoden nur bei Zugrundelegung bürgerlicher theoretischer Konzeptionen anwendbar sein sollen, ist auch unter der geschickteren Konvergenztheorie, mathematische Methoden seien ideologisch neutral, versucht worden, bürgerliches Gedankengut einzuschleusen.

Wohin die Apologie WEINSCHENCKS führt, zeigt seine Unterscheidung von Sozialismus und Kapitalismus. Den letzteren bezeichnet er als „marktwirtschaftlich orientierte Volkswirtschaft". Der Sozialismus zeichnet sich nach WEINSCHENCK durch „politisch motivierte, von dem Willen einer herrschenden Gruppe bestimmte wirtschaftliche Ziele" und der Kapitalismus „vorwiegend durch die Bedürfnisse der Verbraucher bestimmte Ziele" aus (WEINSCHENCK und HEIDHUES, 1965, S. 365). Man könnte annehmen, WEINSCHENCK bringt nur die Grundgesetze der beiden Produktionsweisen durcheinander, oder er meint die „Verbraucher" der Arbeitskraft.

WEINSCHENCK vertritt auch die Auffassung, daß „die politischen Funktionäre einen voraussichtlichen Verlust an Macht und Einfluß fürchten" und deshalb gegen neue Planungs- und Leitungsmethoden seien (WEINSCHENCK und HEIDHUES, 1965, S. 365). WEINSCHENCK verbreitet hier nur das allgemeine Märchen der „Ostexperten" weiter, das Neue ökonomische System (NÖS) wäre gegen die Parteiführung ausgearbeitet. Gerade umgekehrt liegen die Dinge. So waren z. B. von den 10 Genossen der Arbeitsgruppe, die die Konzeption für das NÖS in der DDR ausarbeiteten, nur 3 nicht unmittelbar im Parteiapparat tätig. Alle Probleme wurden in der Parteiführung unter unmittelbarer Leitung des Genossen Walter ULBRICHT ausgearbeitet und diskutiert (BERGER und REINHOLD, 1966).

WEINSCHENCKS Angriff auf die Agrarpolitik der Sowjetunion ist, von einer höheren, d. h. historischen Warte aus betrachtet, kein Angriff, sondern ein Rückzugsgefecht. Jahrzehntelang hat die bürgerliche Ökonomie die Unmöglichkeit der Wirtschaftsrechnung im Sozialismus behauptet. Jetzt versuchen auch die bürgerlichen Agrarökonometriker von dieser Behauptung abzurücken.

Die Grenznutzentheorie hat mehrere theoretisch-methodologische Grundlagen, die selbst von den bürgerlichen Agrarökonometrikern nicht immer praktisch akzeptiert werden. Ihre wichtigste theoretische Grundlage ist die subjektive Wertlehre. Nach ihr soll der Wert durch den Nutzen bestimmt werden, den der Gebrauchswert eines Gutes für einen Menschen hat. Selbstverständlich muß, wenn dieser psychologische Weg der Erklärung ökonomischer Erscheinungen weitergegangen wird, die Konsequenz eintreten, daß die letzte verfügbare Einheit des Gutes den Wert bestimmt, weil jede weitere Einheit, über die ein Mensch verfügt, für ihn immer geringeren Nutzen haben kann. Der Wert soll also subjektiv bestimmt werden u. a. durch den Nutzen, den die letzte Einheit eines Gütervorrats hat, die hier als Grenzgröße fungiert.

Das Marginalprinzip wird in Verbindung mit einem psychologischen Aspekt zum entscheidenden Prinzip. Damit heben diese bürgerlichen Ideologen die Ökonomie auf und machen sie zur Psychologie. WEINSCHENCK steht auf jeden Fall der Grenznutzentheorie in dem eben gefaßten Sinne nahe. Dies geht aus seinen Angriffen gegen die marxistische Arbeitswerttheorie, seinem Zurückgreifen auf die bürgerlichen Grenznutzentheoretiker (WEINSCHENCK, 1964, S. 167; WEINSCHENCK und HEIDHUES, 1965 a, 1965 b) sowie aus der direkten Bezugnahme auf subjektiv-psychologische Verhaltensweisen als Grundlage volkswirtschaftlicher Erscheinungen hervor. Er unternimmt nach seiner Auffassung den Versuch, Grenznutzentheorie und Organismustheorie zu verknüpfen (WEINSCHENCK, 1964, S. 12), und zwar so, daß auf der einen Seite dem organischen Charakter des landwirtschaftlichen Betriebes noch Rechnung getragen wird, auf der anderen Seite aber eine Ermittlung der Grenzwerte für alle in Betracht kommenden Änderungen der Betriebsorganisation möglich wird" (WEINSCHENCK, 1964, S. 79). Um welche materiellen Grundlagen und Prozesse handelt es sich hier? Es geht hier um den sich durch den hohen Entwicklungsstand der Produktivkräfte auflösenden „Organismus" des landwirtschaftlichen Betriebes. Es geht um die quantitative Erfassung und qualitative Verschleierung der agrarkapitalistischen Wandlungsprozesse, die sich unter dem Gesetz der Konzentration und Spezialisierung der Produktion und ihrer staatsmonopolistischen Regulierung vollziehen.

Die zweite theoretische Grundlage der Grenznutzentheorie ist die Theorie der Produktionsfaktoren. Schon THÜNEN (1875) hat versucht, aus den ersten Ansätzen der Grenznutzentheorie eine bürgerliche Theorie der Einkommensverteilung zu machen (naturgemäßer Arbeitslohn, Zins und Rente). Es ist auch unzulässig, die Ergebnisse der Produktionsfunktionsanalyse als die Ergebnisse einer biologisch-technischen Analyse für das ökonomische, von den bürgerlichen Ökonomen erfundene Zurechnungsproblem zu benutzen.

Wie bekannt, sollen nach dieser Theorie alle Produktionsfaktoren werteschaffend sein. Den bürgerlichen Ökonomen geht es nun darum, den Anteil der einzelnen Produktionsfaktoren an der Schaffung des Wertes zu finden – das sogenannte Zurechnungsproblem. Mit dieser apologetischen Aufgabenstellung beschäftigte sich schon THÜNEN (1875), und zwar als erster unter Verwendung der Differentialrechnung. Diese Zurechnungslehre kommt nun zu dem Ergebnis, daß die Entlohnung eines jeden Faktors gleich dem Grenzprodukt sei, das durch den zusätzlichen letzten Aufwand einer Einheit dieses Faktors entsteht. Mit dieser Theorie verschwindet der Mehrwert und mit ihm der kapitalistische Ausbeutungsprozeß, wenn auch nicht aus der Wirklichkeit, so doch aus der bürgerlichen Theorie. So ist auch WEINSCHENCKS „Theorie des Betriebes" eine Theorie ohne Mehrwert, weil sie Theorie ohne Arbeitswert ist wie jede bürgerliche Ökonomie seit etwa 1830. Selbst diese einfache Grundtatsache nimmt WEINSCHENCK nicht zur Kenntnis. Er vermeidet „diese bei echten wissenschaftlichen Analysen unvermeidliche Konsequenz". Die Arbeitskraft wird wie jedes andere Element des Produktionsprozesses behandelt, ja, sie tritt hinter den Faktor Produktionsmittel zurück.

Die entideologisierende Tendenz und apologetische Grundfassung wird z. B. mit folgenden zwei lakonischen, symptomatischen Sätzen erhellt:
„Die produktiven Kräfte fließen herein und werden zu Inputs der verschiedenen Aktivitäten. Unter der Mitwirkung des kombinativen und dispositiven Faktors (= Betriebsleitung) wird im Verlaufe einer gewissen Zeit ein Fluß von Leistungen oder Diensten erzeugt, die Outputs der verschiedenen Aktivitäten" (KEHRBERG und REISCH, 1964, S. 12).

Die menschliche Arbeitskraft erscheint kaum noch, geschweige denn als die werteschaffende Quelle.

Eine weitere theoretische Grundlage ist die Fiktion des abnehmenden Ertragszuwachses. Wenn WEINSCHENCK zwar letzten Endes die ökonomischen Grundtatsachen und Zusammenhänge auf psychologische zurückführt, so bleibt dies doch mehr oder weniger verbal. Ähnliches ergibt sich im Zusammenhang mit der „Erscheinung des abnehmenden Ertragszuwachses". Die bürgerlichen Betriebslehrer schritten, wenn auch stark differenziert, von einer allgemeinen Postulierung dieser Erscheinung als Gesetz zu genauerer quantitativer Erfassung der Zusammenhänge durch die Produktionsfunktionen. Durch genauere Produktionsfunktionen verlor die allgemeine Anerkennung dieser Fiktion auch in der Theorie immer mehr an Boden.

WEINSCHENCKS Kritik richtet sich

1. gegen die gemachte Voraussetzung, daß alle Produktionsmittel unbegrenzt teilbar und austauschbar sein sollen und die Kosten deshalb immer progressiv steigen müßten und
2. gegen die Behandlung der fixen Produktionsmittel, als ob sie jederzeit austauschbar seien, Marktpreis und marginaler Ertragswert sich sofort ausgleichen sowie der durch Abschreibung gewonnene Zeitwert mit dem Marktpreis bei möglicher Veräußerung übereinstimmt (WEINSCHENCK, 1964, S. 19).

Einmal getätigte Anlagen setzen einen bestimmten Umfang der Produktion voraus, wenn nicht die „Stückkosten über die Marktpreise" steigen sollen. Zugleich kann die Produktion aber, z. B. bei Absatzschwierigkeiten, bis zu diesem Punkt zurückgehen, ohne grundsätzlich die Existenz des Agrarkapitalisten in Frage zu stellen. Die Außerachtlassung des Grenzproduktivitätsprinzips wird also zur Existenzfrage (WEINSCHENCK, 1964, S. 29). Solch eine Entwicklung ist eines der Zwangsmomente, die auf Kartell- bzw. Konzernzusammenschluß drängen.

Auch KEHRBERG und REISCH (1964, S. 10 ff.) schreiben: „Ausgangspunkt der Zweifel ist die auch in der Landwirtschaft immer mehr festzustellende Tatsache, daß die Produktionsfaktoren nicht mehr beliebig oder sogar kontinuierlich substituiert und kombiniert werden können, um sich einer Minimalkostenlage anzupassen, sondern vielmehr mit fortschreitender Technisierung die bestimmten Proportionen technisch fixiert sind und nur geringe Produktionselastizität aufweisen. Ebenso ist in der Kombination der Produkte keine gleitende Substitution möglich, da diese teilweise ebenfalls streng oder lose gekoppelt sind oder durch betriebsinterne Beziehungen sich beeinflussen. In den beiden Fällen führt die Differenzierung als mathematisches ‚Hilfsmittel' der Grenzwertanalyse zu keinem befriedigenden Ergebnis".

WEINSCHENCK lehnt die pauschale Anerkennung der traditionellen Kostenkurven der bürgerlichen Grenznutzentheoretiker, die auf der Fiktion eines „Gesetzes vom abnehmenden Ertragszuwachs" beruhten, ab. Er lehnt sich, wie auch KEHRBERG und REISCH, an den Kölner Betriebslehrer GUTENBERG (1957, S. 210) an, der feststellte, daß „bisher noch keine betriebswirtschaftlichen Untersuchungen zu Kostenkurven geführt (haben), die zunächst konkav und dann konvex verlaufen". GUTENBERG (1957, S. 278 f.) bemerkt, daß damit ein empirischer Nachweis des Ertragsgesetzes fehlt und die Gesamt- und Grenzkosten einen weitgehend linearen Verlauf haben.

Auch BUSCH (1958, S. 100 f.) hob die Einschränkungen dieser Fiktion hervor. WEINSCHENCK (1964, S. 22) bestimmt nun im Unterschied zu BRINKMANN zwei generelle Typen von Produktionsfunktionen:

1. Kontinuierlich-lineare Kostenfunktionen existieren, wenn eine bestimmte Zahl bestehender Kombinationsmöglichkeiten zwischen den Produktionsfaktoren berücksichtigt und eine dementsprechende Produktionskapazität nicht überschritten wird.
2. Diskontinuierlich-lineare Kostenfunktionen ergeben sich, wenn bei technisch eindeutig determinierten Produktionsverfahren zu neuen Verfahren mit dem Ziel der Ausdehnung der Produktion übergegangen werden soll (muß).

Die Entscheidung, die bei einer gegebenen Menge an Produktionsfaktoren (Produktionskapazität) zu fällen ist, lautet nach WEINSCHENCK (1964, S. 23): „... jedes Produktionsverfahren kann solange ausgedehnt werden, wie die Differenz zwischen dem Grenzertrag und den Grenzkosten seiner Ausdehnung positiv ist". Weitere spezielle Fälle werden von WEINSCHENCK angeführt:

Kann der Einsatz eines Produktionsmittels nicht oder nicht in dem Maße wie alle anderen gesteigert werden, dann ist bei Ausdehnung der Produktion ein abnehmender Ertragszuwachs wirksam (situationsbedingte diseconomics of scale).

Muß bei der Ausdehnung der Produktion ihre räumliche Ausdehnung oder die des Absatzes steigen, dann tritt eine progressive Zunahme der Gesamtkosten in Abhängigkeit von dem Niveau der Produktionstechnik ein (langfristige oder technisch bedingte diseconomics of scale mit abnehmendem Ertragszuwachs).

Für Produktionsmittel, deren Anschaffungspreise und Wiederveräußerungswerte voneinander abweichen (bedingt variable Produktionsmittel), werden Optima formuliert. So gilt z. B., wenn sich die Rentabilität ihres Einsatzes verbessert, die Anschaffungspreise also von Bedeutung werden, diese etwa sinken und die Erzeugerpreise gleichbleiben, folgendes Optimum für den Einsatz aller Produktionsmittel, deren in Geld gemessene Grenzleistungen die Anschaffungspreise übersteigen: Der Einsatz muß bis zu dem Punkt gesteigert werden, an dem die Grenzleistungen jeweils den Anschaffungspreisen gleich sind (WEINSCHENCK, 1964, S. 31 ff.). Weitere Formulierungen folgen für andere Preisrelationen:

Die bisher formulierten Optima berücksichtigen nicht den Zeitfaktor, d. h., Plan- und Produktionsperiode fielen zusammen, und Unterschiede zwischen dauerhaften und kurzlebigen Produktionsmitteln wurden nicht gemacht, oder anders ausgedrückt, Zinsen und Risikokosten werden jetzt bedeutungsvoll, statt Preise müssen Preiserwartungen vorausgesetzt werden. Die Akkumulationsmöglichkeit des Betriebes spielt eine Rolle. Die Kalkulation, in welcher Reihenfolge Investitionen zu tätigen sind, ist nicht gelöst. Genauso wie die Effekte nicht erfaßt werden können, die entstehen, wenn größere und große, nicht teilbare Produktionsanlagen errichtet werden (Stoßbedarf, Wirksamkeit erst mit Folgeinvestitionen, zu denen die Kapitalkraft nicht ausreicht usw.). Langfristige Aufwendungen sind langfristige Anpassungen, die bei einer Einschränkung der Produktion die Anwendung des Grenzproduktivitätsprinzips beschränken (WEINSCHENCK, 1964. S. 41).

Ein eindeutiges Optimum der Betriebsorganisation ist aber überhaupt nur bestimmbar, wenn bei Ausdehnung der Produktion die Grenzkosten von einem bestimmten Punkt aus zunehmen (WEINSCHENCK, 1964, S. 38).

WEINSCHENCK erklärt aber, daß die Kosten, selbst bei linearem Verlauf der Produktionsfunktion, von einem bestimmten Punkt an progressiv zunehmen, wenn die Produktion erweitert wird. Das wird auf den zunehmenden Einsatz von Fremdkapital für die Erweiterung der Produktion zurückgeführt (abnehmender Ertragszuwachs).

In verklausulierter Form kommt WEINSCHENCK (1964, S. 42) zu der allgemeinen Schlußfolgerung, daß bei hohem Niveau der Produktivkräfte „an die Stelle kontinuierlich-progressiv steigender Kostenfunktion"... „kontinuierlich- oder diskontinuierlich-linear steigende Kostenkurven" treten.

Die Betriebsmodelle der Grenznutzentheoretiker will er daher durch Modelle ergänzen, die „den veränderten technischen Bedingungen Rechnung" tragen.

Trotz dieser Einschränkungen gegenüber einem abnehmenden Ertragszuwachs als allgemeine Gesetzmäßigkeit, also in einem gewissen Widerspruch dazu, formuliert dann WEINSCHENCK (1964, S. 44): „die Grundsätze der Grenznutzentheorie gelten unabhängig von den produktionstechnischen Gegebenheiten und dem Verlauf der Kostenfunktionen." Hier könnte man mit LENIN (1962 c, S. 339) sagen: „Hinter dem Haufen neuer terminologischer Pfiffigkeiten, hinter dem Schutt gelehrter Scholastik ..." läßt sich der Apologet des Kapitals nicht verleugnen.

KEHRBERG und REISCH (1964, S. 81) nehmen den abnehmenden Ertragszuwachs nur als einen Fall unter vielen. Außerdem fassen sie ihn mehr als einen theoretischen Modellfall auf, dessen Voraussetzungen sie genau beschreiben, wie „begrenzte Zahl von variablen Faktoren ... während die anderen Faktoren auf einem bestimmten Niveau fixiert" sind, ihre Einsatzmenge gering ist und damit eine kurzfristige Situation vorliegt.

Der erhöhte Einsatz eines oder mehrerer variabler Faktoren auf der Basis eines fixen Faktorbündels läßt nur innerhalb des Elastizitätsbereiches dieser technischen Einheit zunehmende Grenzerträge zu (KEHRBERG und REISCH 1964, S. 89). Die Hervorhebung dieser relativ fixen Faktorenbündel ist weiter nichts als die Widerspiegelung der immer mehr in den Vordergrund tretenden Rolle der Technologie mit einem hohen Anteil eingesetzter vergegenständlichter Arbeit. Aus diesen Gründen werden eine Vielfalt von Modellen dargestellt, und es wird auch gefordert, „jeden Satz von fixen Faktoren als Grundlage für eine bestimmte Produktionsfunktion zu betrachten" (KEHRBERG und REISCH, 1964, S. 100). Solch einem Faktorpaket werden dann die verschiedensten variablen Faktoren zugeordnet. Je länger aber die zeitlichen Perioden werden, umso weniger sind solche fixen Faktoren existent. Beispielsweise werden für die Getreideproduktion Modelle entworfen, wo nach Durchführung der Bestellung praktisch nur noch teilweise Düngung und Pflege (Pflanzenschutz) variabel sind. Daneben wird von KEHRBERG und REISCH den einfachen Modellen auch eine vorwiegend didaktische Rolle zugesprochen.

Damit hat sich die bürgerliche Betriebslehre der Realität genähert, die schon MARX (1962, S. 511) vor 100 Jahren für die Industrie mit den Worten erfaßte:

„Die moderne Industrie betrachtet und behandelt die vorhandene Form eines Produktionsprozesses nie als definitiv. Ihre technische Basis ist daher revolutionär, während die aller früheren Produktionsweisen wesentlich konservativ war."

Mit der technischen Revolution verliert die Erscheinung des abnehmenden Ertragszuwachses auch ihren relativen Wahrheitsgehalt.

4. Die Rolle der Marginalanalyse in der bürgerlichen und in der sozialistischen Betriebsökonomik

In den vorangegangenen Abschnitten wurde bereits auf die Anwendung des Marginalprinzips in der bürgerlichen Betriebslehre eingegangen. Da die bürgerlichen landwirtschaftlichen Betriebslehrer nicht nur ein allgemein theoretisches Interesse an den Zusammenhängen zwischen Aufwand und Ertrag haben, sondern vor allem an praktikablen Ergebnissen interessiert sind, können die quantitativen Aussagen über die biologischen Zusammenhänge, über optimale Nutzung der Produktionsmittel und Arbeitskräfte sowie über die Rationalisierung der Produktion für unsere Ziele genutzt werden. Auch die durch die Produktionsfunktionen gewonnenen Aussagen über die Substitutionsmöglichkeiten zwischen den Elementen des Produktionsprozesses sowie zwischen ihren Produkten und ihre effektivsten Kombinationsmöglichkeiten können als Unterlagen für unsere Aufgabenstellung verwandt werden. Kriterium für ihre Brauchbarkeit ist lediglich die reale Widerspiegelung der tatsächlichen Produktionszusammenhänge und die Kenntnis über die Bedingungen, unter denen sie wirksam oder annähernd wirksam sind. Obwohl letzten Endes die komplexe Wirkung aller Elemente des Produktionsprozesses über dessen Effizienz entscheidet, ist gerade die Bestimmung der Produktionsfunktion für weniger aggregierte Elemente unter ganz spezifischen Bedingungen der Bodenart, seines Kulturzustandes, des Klimas, der Einsatzformen usw. entscheidend für die Auffindung proportionierter Zusammensetzung des Gesamtaufwandes. Auch die methodischen Arten und Gruppen von Elementen des Produktionsprozesses bieten wertvolle Unterlagen. Im Grunde handelt es sich hierbei um die Feststellung biologisch-technischer Relationen, die erst ökonomisch verwertet werden müssen. Der Übergang von der Analyse produktionstechnischer Zusammenhänge zu ökonomischen wird aber nicht klar gekennzeichnet. Stofflich-technische Zusammenhänge werden als ökonomische deklariert. Ergebnisse der Produktionsfunktionsanalyse werden ohne weiteres in Form ökonomischer Kategorien dargestellt. Unter Berücksichtigung dieser Einschränkungen können die bürgerlichen Arbeiten verwertet werden.

Die Kenntnis der Produktionsfunktionen ermöglicht es, jede tendenzielle Wirkung eines abnehmenden Ertragszuwachses von vornherein auszuschalten. Sie liefert für die Volkswirtschaft Unterlagen, um rechtzeitig einen proportionalen Einsatz der gesellschaftlichen Arbeit auf die produktionswirksamsten produktionsmittelproduzierenden Zweige zu gewährleisten. Daß die Produktionsfunktionen schwer zu erfassen sind und faktisch mit jedem Betrieb und jedem Jahr wechseln können, darf nicht zu ihrer Ablehnung, sondern muß zu einer verbesserten Methodik und zulässigen vereinfachten Erfassung führen. Gerade unter sozialistischen Produktionsverhältnissen bestehen dazu größere Möglichkeiten.

WEINSCHENCKS (1964) methodische Grundtendenz ist eine weitgehende Differenzierung der Zusammenhänge von Intensivierung und Extensivierung zum Zwecke der Gewinnmaximierung. Aufwandsarten, die sich in ihrer technischen oder ökonomischen Wirkung ähnlich verhalten, werden zu Aufwandsgruppen zusammengefaßt. Ihr Verhalten in bezug auf die optimale Betriebsorganisation wird unter verschiedenen Bedingungen bei Einschluß und Ausschluß des Zeitfaktors analysiert. Es wird, wie bereits ausgeführt, zwischen der optimalen speziellen Intensität, der optimalen Zusammensetzung des Aufwandes und der optimalen Produktionsrichtung unterschieden. Die optimale spezielle Intensität und Zusammensetzung des Aufwandes werden nach Feststellung des Verlaufs der Produktionsfunktionen (auch mehrfaktorieller) und der Höhe der Preise nach dem Grenz- oder besser Grenzgrößenprinzip abgeleitet. Der Feststellung WEINSCHENCKS, daß sich die optimale spezielle Intensität in vielen Fällen unabhängig vom Wirkungszusammenhang des Gesamtbetriebes ermitteln läßt und vielleicht auch ermittelt werden muß, läßt sich zustimmen.

Bei nicht zu verändernder spezieller bzw. Produktionsintensität werden optimale Produktionsrichtung und optimale Aufwandszusammensetzung durch simultane Gleichungssysteme unter Anwendung der linearen Optimierung oder durch Ketten von Differenzrechnungen mit der verbesserten Differenzrechnung gelöst. Erste Etappe ist die Errechnung eines kurzfristigen Optimums, bei dem verschiedene Produktionsverfahren in einer nicht veränderten Produktionskapazität konkurrieren.

Die verbesserte Differenzrechnung gestattet die unmittelbare Ableitung des langfristigen Optimums. Die lineare Optimierung läßt aus den oben genannten Gründen bei Zugrundelegung verschiedener Produktionskapazitäten nur über mehrmaliges Durchrechnen ein langfristiges Optimum finden. Mit Hilfe der Programmplanungsmethoden können unter vereinfachten Voraussetzungen annähernd optimale Lösungen errechnet werden.

KEHRBERG und REISCH (1964, S. 37) fassen die Einschränkungen, denen eine Gewinnmaximierung der oben genannten Fragen entgegensteht, folgendermaßen zusammen:

„1. Die Annahme des vollkommenen Fachwissens und perfekter Kenntnisse des Zukünftigen.
2. Die konstante Länge der Transformations- und Produktionsperiode, bzw. die unmittelbare Transformation, so daß das Zeitelement nicht als Faktor berichtigt werden muß.
3. Die beliebige Teilbarkeit der Faktoren und Produkte und die daraus resultierende Kontinuität der Funktionen.
4. Die Unabhängigkeit der Preise von der Produktionsmenge und genaue Kenntnis des Preisniveaus.
5. Die Beibehaltung einer bestimmten Produktionstechnik, eines bestimmten Kenntnisstandes und sonstigen Wirtschaftsverhaltens.“

Damit erhebt sich die Frage: Wozu der Aufwand? Ist unter diesen Bedingungen überhaupt etwas Praktikables zu erwarten? KEHRBERG und REISCH (1964, u. a. S. 121 f. u. 141 ff.) gehen besonders auf die Probleme ein, die sich bei der praktischen Umsetzung der theoretischen Erkenntnisse hemmend in den Weg stellen. Sie sind sich darüber im klaren, „daß jeder Betrieb seine bestimmten Produktionsfunktionen hat, wenn auch in der Regel mehr Ähnlichkeit in den Produktionsgrundlagen zwischen den Betrieben eines Gebietes als zwischen verschiedenen Gebieten erwartet werden darf“, und „daß bestimmte Preisbedingungen die Situation umkehren können“ (KEHRBERG und REISCH, 1964, S. 100). Besondere Schwierigkeiten bereitet die Berücksichtigung des Zeitfaktors.

KEHRBERG und REISCH (1964, S. 22) schreiben: „Zugestandenermaßen fehlt es noch sehr an einer wirklich guten, brauchbaren dynamischen Theorie.“ Die Veränderungen, die sich in der Planungs-, Produktions- und Zirkulationsperiode im einzelnen und insgesamt vollziehen und heute sich rasch vollziehen, können bisher kaum berücksichtigt werden. KEHRBERG und REISCH (1964, S. 99) stellen fest: „. . ., daß jede Änderung in der Produktionsfunktion oder in den Preisrelationen zwischen den Faktoren und/oder die Produktionsrichtung beeinflußt. Es ergab sich ferner, daß nahezu in jeder Planungs- oder Untersuchungsaufgabe einige Faktoren fixiert sind. Durch eine unterschiedliche Höhe und der Zusammensetzung der fixen Faktoren ergaben sich aus dem Einsatz der variablen Faktoren verschiedene Produktionsfunktionen. Oft ist es zweckmäßig, diese getrennt zu betrachten, obwohl man auch nur die Existenz einer Produktionsfunktion für ein bestimmtes Produkt betrachten kann, in der dann alle Faktoren variabel sind. (Gekoppelte Produkte müssen in derselben Funktion oder wenigstens in einem simultanen Gleichungssystem einbezogen werden)".

Wie wir uns zur Grenznutzentheorie verhalten, wurde dargelegt. Wie verhalten wir uns zu der Grenzgrößenrechnung? MARX wandte nichts gegen die Grenzgrößenrechnung ein, die er schon durch THÜNEN aus der bürgerlichen Ökonomie kannte. MARX erwähnte sogar positiv, daß sich THÜNEN die RICARDOsche Theorie der Grundrenten u. a. mit Hilfe des Differentialkalküls selbst konstruiert hat. Die Grenzgrößenrechnung und die gewonnenen empirisch-analytischen Kosten- und Ertragskurven haben in der Betriebswirtschaft zweifellos Bedeutung, wenn sie von der richtigen Theorie, der marxistischen Arbeitswerttheorie ausgehen, also auf einer realen qualitativen Analyse beruhen. Wir stehen zur Anwendung der Marginalität nicht wie zu einer Gesetzmäßigkeit oder auch nur Regel, sondern wie zu einer Methode, einem methodischen Hilfsmittel. Ja, wir benutzen gerade diese Methode, um jegliche Erscheinung eines abnehmenden Ertragszuwachses auszuschließen, indem wir die wirksamste Proportionalität der Elemente des Produktionsprozesses für einen bestimmten Stand der Produktivkräfte und Produktionsbedingungen bestimmen und für ihre Entwicklung vorausbestimmen. Außerdem abstrahieren wir dabei nicht von den gesellschaftlichen Faktoren, sondern beziehen die sozialen Zusammenhänge in die Betrachtung ein. Die Berechnung von Grenzgrößen, die partielle Differentation der Wirkung verschiedener Faktoren, ist eine Methode, die sogar bei statischen Verhältnissen, d. h. gleichbleibenden Produktionsverfahren, die Möglichkeit eines abnehmenden Ertragszuwachses ausschaltet. Uns geht es nicht darum, Gedankenmodelle zu konstruieren, in denen die Arbeitsproduktivität von einem bestimmten Punkt ab nicht mehr steigt, sondern wir wollen Verhältnisse schaffen, unter denen die Arbeitsproduktivität stetig steigt. Hierzu können uns die zur Diskussion stehenden Methoden dienen. Entsprechende Schlußfolgerungen für die Gestaltung der Kostenrechnung werden nicht ausbleiben.

MARX hat bei der Erklärung der Differentialrente I selbst diese Methode angewandt, und die Produktionspreisbestimmung landwirtschaftlicher Produkte beruht darauf. Auch in dieser Beziehung gibt sich WEINSCHENCK (1964, S. 371 ff.) Illusionen hin. Er bemängelt: „Die letzte Entscheidung über die angestrebten Produktionsziele wird vorwiegend nach politischen Gesichtspunkten gefällt. Jedes Gespräch über die bei der Aufstellung von Produktionszielen obwaltenden Prinzipien endet daher nach kurzer Zeit mit einem Hinweis auf den GOSplan oder das Parteiprogramm: Wir müssen und wir können sozusagen die Rechnung doppelt führen. Unser ökonomisches Hebelsystem, vor allem das Preissystem, beruht immer mehr auf einer den politischen und wirtschaftlichen

Interessen unseres Volkes vorausberechneten Wirkung. Parteiprogramm, Staatspläne, Gesamtsystem der Volkswirtschaft einschließlich ihres Leitungssystems und Gesetze des sozialistischen Staates sind Grundlagen, auf denen die Betriebe und die Betriebsgemeinschaften ihre Produktion planen, wobei dann bei annähernd richtiger Vorausberechnung und entsprechender Konsequenz der Betriebe das erwartete Ergebnis in der Tendenz eintreffen wird. In Wirklichkeit sind dies nicht zwei voneinander zu trennende Operationen, sondern beide sind Voraussetzung und Ergebnis zugleich, die mit approximativen simultanen Lösungen verbunden sind und eine Art kybernetisches System darstellen. Dabei ist es denkbar, daß die „ökonomischen Größen Grenzaufwand bzw. Differentialaufwand" in der planmäßigen Preisbildung auf der Grundlage des Wertes, aber mit der Möglichkeit der geplanten Abweichung von ihm, eine Rolle spielen (siehe SCHLIESSER, 1967, S. 855).

WEINSCHENCK verzerrt die ganze Problematik, vor der wir stehen, einseitig in Richtung auf „Entscheidungsfreiheit" für die Betriebe (ULBRICHT, 1967, S. 290). Freie schöpferische, optimale Initiative der Betriebe ist nur möglich in Verbindung mit einer straffen zentralen Planung. Diese Zusammenhänge sind die Grundfrage im entwickelten ökonomischen System des Sozialismus. Günter MITTAG (1967, S. 980 ff.) schreibt dazu:

„Die Stabilität der Teilsysteme wird dadurch erzielt, daß das Gesamtsystem, d. h. in unserem Falle die Volkswirtschaft, als Ganzes richtig organisiert, geplant und geleitet wird und daß damit auch der Gesamtrahmen für die Tätigkeit der Teilsysteme, sprich Betriebe, bewußt gestaltet und organisiert wird."

Die Regulierung der landwirtschaftlichen Produktion überwiegend in Richtung auf die einfache Erhöhung der Marktproduktion wird zunehmend ergänzt durch die Förderung der Qualitätsproduktion und die Produktions- sowie Absatzrationalisierung.

Mit der verstärkten Hereinnahme dieser Zielsetzung unter den Bedingungen einer entwickelten sozialistischen Warenproduktion kommt der Anwendung mathematischer Methoden wie überhaupt die der Kybernetik und Operationsforschung wachsende Bedeutung zu.

„Von der Kybernetik als Theorie bis zur Anwendung ihrer Erkenntnisse auf die bewußte und planmäßige Gestaltung gesellschaftlicher Prozesse im Sozialismus führt keine einfache gerade Linie, sondern geht eine Veränderung in eine neue Qualität vor sich. Hier handelt es sich um das bewußte Gestalten gesellschaftlicher Prozesse durch den Menschen. Der Mensch kann zwar als Regler gesellschaftlicher Prozesse gedeutet werden, er ist dies aber in ganz anderer Weise als ein Regler in einem beliebigen Automaten. Er ist ein vernunftbegabtes Wesen, das bewußt handelt. Der Mensch stellt die Frage, für wen er arbeitet. Der klassenbewußte Arbeiter wird im Sozialismus anders handeln als unter kapitalistischen Verhältnissen. Sein Handeln wird durch seine eigene Erkenntnis über die Klassenverhältnisse bestimmt. Hieran wird deutlich, daß wir die Erkenntnisse der Kybernetik nur auf der Grundlage des Marxismus-Leninismus voll ausnutzen können" (MITTAG, 1967, S. 981). Es ist ein Erfordernis der

Zeit, Modelle der wichtigsten betrieblichen ökonomischen Regelungsverflechtungen und ihre quantitative, d. h. regelungs- und informationstheoretische Analyse mit mathematischen Methoden zu entwickeln. Dabei können uns keine elementaren Modelle weiterhelfen, es sei denn zur Interpretation bzw. zur Einführung in die Problematik. Nur der höchste letzte Stand muß weiterentwickelt werden, wenn wir ernsthaften, praktischen Nutzen erzielen wollen. Die Modelle müssen der Anpassungs- und Entwicklungsfähigkeit unserer Betriebe Rechnung tragen, reale Optimierungsrechnungen gestatten und durch wissenschaftliche Voraussagemethoden die Zufallsmomente in den Prozessen weitestgehend auschalten.

Aus den Ausführungen geht hervor, daß theoretisch-methodologische Forschungsarbeit vor allem auf drei Gebieten zu leisten ist:

1. Weiterentwicklung der marxistischen Agrartheorie für die Bedingungen einer entwickelten sozialistischen Warenproduktion mit dem Ziel der komplexen Nutzung ihrer Kategorien und Gesetze zur Durchführung der wissenschaftlich-technischen Revolution in der Landwirtschaft.
2. Entwicklung und Ausbau der mathematischen Methoden im Sinne der Schaffung von Möglichkeiten, auch die kompliziertesten dynamischen funktionalen Zusammenhänge der entwickelten sozialistischen landwirtschaftlichen Warenproduktion quantitativ annähernd in die Hand zu bekommen.
3. Erarbeitung der theoretisch zulässigen Abstraktion bzw. Vereinfachung ökonomischer Modelle über die Wirkung des Systems der ökonomischen Gesetze in der entwickelten sozialistischen landwirtschaftlichen Warenproduktion und der mathematischen Methodik, die noch für die jeweiligen Entwicklungsaufgaben auf den Ebenen Betrieb, Betriebsvereinigung und Volkswirtschaftszweig ein für praktische Lösungen ausreichendes Instrumentarium liefern.

Wir können feststellen, einige Probleme der bürgerlichen Intensitätslehre können mit einem bestimmten Nutzen von uns studiert werden, wenn wir die Begriffe und Erscheinungen einer marxistischen Kritik unterwerfen.

Die sozialistische Betriebswirtschaftslehre werden wir aber nur entscheidend weiterbringen und auch bürgerliche Lehren nur mit einem Nutzeffekt verarbeiten können, wenn wir auf MARX bauen. Ich wende mich mit Nachdruck gegen die Auffassung, wir müßten heute auf die bürgerlichen Ökonomen zurückgreifen, wenn wir MARX weiterentwickeln wollen. „Man kann heute die Wirklichkeit nicht ohne Kenntnis des Marxismus und sozialistische Haltung erkennen und auf Grund der Erkennung verändern helfen“ (BRECHT).

Zusammenfassung

Eine rezeptive Kritik der bürgerlichen Intensitätstheorie kann nur mit einer Kritik ihres Vulgarismus und ihrer Apologie des Agrarkapitalismus verbunden sein. Die Bestimmung der optimalen Intensität der landwirtschaftlichen Produktion löst sich bei den modernen Agrarökonometrikern in die Fragen nach dem optimalen Faktoreneinsatzniveau, der Faktoren- und Produktionskombination auf. Da bei modernen Produktionsverfahren ein Teil der Aufwendungen von vornherein festliegt (fixes Faktorenbündel), interessieren im Sinne des optimalen Intensitätsniveaus eigentlich nur noch die spezifisch ertragsteigernden Produktionsmittel (spezielle Intensität). Die für den Agrarkapitalisten optimale Grenze des Intensitätsniveaus wird durch Profitmaximierung gefunden. Es werden aber keine qualitativen Unterschiede für die Zielsetzung von Betrieben der verschiedenen sozialökonomischen Formationen gemacht. Eine gewisse formale Gleichheit der Kategorien wird zur Verschleierung der kapitalistischen Ausbeutungsverhältnisse benutzt. Die Grenznutzentheorie ist methodologische Grundlage der Agrarökonometriker. Als Bestandteile der Grenznutzentheorie fungieren die subjektive Wertlehre in Verbindung mit dem Marginalprinzip, die Theorie der drei Produktionsfaktoren in Verbindung mit der bürgerlichen Zurechnungslehre und die Fiktion des abnehmenden Ertragszuwachses. Diese Fiktion wird aber teilweise fallengelassen. Zu den von bürgerlicher Seite mit antikommunistischer Grundtendenz geführten Angriffen gegen die marxistische Arbeitswerttheorie und die sozialistische Agrarwirtschaftspolitik findet eine Auseinandersetzung statt. Ergebnisse der Produktionsfunktionsanalyse und verschiedene methodische Aspekte bieten Ansatzpunkte für eine rezeptive Kritik. Mangelhafte modelltheoretische Erkenntnisse behindern ihre praktische Auswertung. Abschließend werden Aufgaben für unsere theoretische Arbeit formuliert.

Резюме

Название работы: Критика методологических основ буржуазной экономики сельского хозяйства по вопросам теории интенсивности

Критика буржуазной теории интенсивности может быть связана только с критикой ее вульгаризма и апологетства аграрного капитализма. Определение оптимальной интенсивности сельскохозяйственного производства современными аграрэконометриками подразделяется на вопрос об оптимальном уровне использования факторов, вопрос о комбинировании факторов и вопрос о комбинировании производства. Так как при современных методах производства часть затрат заранее определена (твердо установленый комплекс факторов) с точки зрения оптимального уровня интенсивности интерес представляют только специфические, повышающие доходность средства производства (т. н. специальная интенсивность). Оптимальный предел уровня интенсивности для капиталиста определяется максимированием прибыли. Однако качественных различий между целями хозяйств различных социально-экономических слоев не проводят. Известное формальное равенство категорий используется для затушевывания капиталистической эксплуатации. Теория предельной полезности является методологической основой аграрэконометриков. Составными частями теории предельной полезности являются субъективное учение о стоимости в связи с маржинальным принципом, теория трех факторов производства в связи с буржуазной теорией вменения и фикцией убывающего плодородия. Эта фикция однако частично опускается. Автор дает критику буржуазных нападков, ведущихся с антикоммунистических позиций против марксистской теории труда и социалистической аграрной политики. Результаты анализа производственных функций и различные методические аспекты представляют исходные позиции для критики. Недостаточные знания в области теории моделирования не позволяют их практическое использование. В заключение формулируются задачи нашей теоретической работы.

Summary

Title of the paper: On some methodological fundamentals of bourgeois farm management in relation to the intensity theory

Any discerning criticism of the bourgeois farm management theory has to be associated with the latter's vulgarism and apologia of capitalism in agriculture. In modern agricultural econometry, the question of optimum intensity of agricultural production is reduced to questions of an optimum utilization of the particular factors involved as well as of the possible combination of these factors and production as a whole. Since some of the expenditure involved in modern production methods are decided from the very outset (fixed set of factors), it is only the complex of specifically yield-enhancing means of production (special intensity) which remains to be of interest in terms of optimum intensity. In capitalist agriculture, the optimum intensity limit is determined by maximization of profit, while no qualitative differentiation is made between the targets set forth for farms in different socioeconomic systems. There is an attempt to formally keep at par the categories involved which is used to conceal capitalist exploitation. The theory of marginal utility is the methodological basis of agricultural econometry. The components of the theory of marginal utility include the subjective theory of value in connection with the marginal principle, the theory of the three production factors in connection with the bourgeois theory of coordination, and the fiction of decreasing yield growth rates. The latter fiction, however, is being abandoned to some extent. A discussion is now taking place, basically anticommunist. criticising the Marxist theory of labour value and socialist agricultural policy. The results achieved by functional production analysis and certain methodological aspects offer clues to any discerning criticism. Its practical utilization is being impeded by inadequate theoretical work on models. In conclusion, some problems are presented which have to be solved in our own theoretical work.

Literatur

AEREBOE, F.: Landwirtschaftliche Rentabilitätsfragen. In: Arbeiten d. DLG Berlin, H. 55, 1901

AEREBOE, F.: Agrarpolitik. Berlin, Verl. P. Parey, 1928

BERGER, W.; REINHOLD, O.: Zu den wissenschaftlichen Grundlagen des neuen ökonomischen Systems der Planung und Leitung. Berlin, Dietz-Verl., 1966

BIRNBAUM, K.: Lehrbuch der Landwirtschaft. 3. Tl., Betriebslehre. Frankfurt/M., 1863

BLOHM, G.: Allgemeine Landwirtschaftliche Betriebslehre. Stuttgart, Verl. Ulmer, 1959

BRINKMANN, Th.: Die Ökonomik des landwirtschaftlichen Betriebes. In: Grundriß der Sozialökonomik, VII. Abteilung, Land- und Forstwirtschaftliche Produktion, Versicherungswesen. Tübingen, Verl. I. C. B. Mohr, 1922

BUSCH, W.: Landwirtschaftliche Betriebslehre. Herausg. v. Dr. W. Husenack, Essen, Verl. W. Giradet, 1958

GUTENBERG, E.: Grundlagen der Betriebswirtschaftslehre. Bd. I. Berlin, Göttingen, Heidelberg, 1957

KEHRBERG, E. W.; REISCH, E.: Wirtschaftslehre der landwirtschaftlichen Produktion. München, Basel, Wien, BLV Verlagsges., 1964

LENIN, W. I.: Taylor. In: Hefte zum Imperialismus. Berlin, Dietz-Verl., 1957, S. 127–136

LENIN, W. I.: Die nächsten Aufgaben der Sowjetmacht (1918). In: Lenin-Werke. Bd. 27, Berlin, Dietz-Verl. 1960, S. 225–268

LENIN, W. I.: Das Taylorsystem – die Versklavung des Menschen durch die Maschine (1914). In: Lenin-Werke. Bd. 20 Berlin, Dietz-Verl., 1961, S. 145–147

LENIN, W. I.: Ein wissenschaftliches System zur Schweißauspressung (1913). In: Lenin-Werke. Bd. 18, Berlin, Dietz-Verl. 1962 a, S. 588–589

LENIN, W. I.: Die nächsten Aufgaben der Sowjetmacht (Kapitel aus dem ursprünglichen Entwurf des Artikels, 1918). In: ND v. 5. 10. 1962b, Nr. 274

LENIN, W. I.: Materialismus und Empiriokritizismus. In: Lenin-Werke. Bd. 14, Berlin, Dietz-Verl., 1962c

LENIN, W. I.: Ein Löffel Teer in einem Faß voll Honig (1922). In: Lenin-Werke. Bd. 33, Berlin, Dietz-Verl., 1962 d, S. 354–355

MARX, K.: Das Kapital Bd. I (1867). In: Marx/Engels Werke, Bd. 23, Berlin, Dietz-Verl., 1962

MITTAG, G.: Sozialistische Ökonomie und wissenschaftlich-technische Revolution meistern. In: Einheit 22 (1967), H. 8

MÜLLER, G.: Der kapitalistische Charakter der agrarpolitischen Grundlagen der bürgerlichen landwirtschaftlichen Betriebslehre. Berlin, Humboldt-Univ., Diss. 1962

SCHLIESSER, W.: Warenproduktion und wirtschaftliche Rechnungsführung. In: Einheit 22 (1967), H. 7

THAER, A. D.: Leitfaden zur allgemeinen landwirtschaftlichen Gewerbslehre. Berlin, 1815

THAER, A. D.: Grundsätze der rationellen Landwirtschaft (1809). Bd. 1, Stuttgart, 1837

THÜNEN, J. H. v.: Der isolierte Staat in Beziehung auf Landwirtschaft und Nationalökonomie. Herausg. v. H. Schumacher-Zarchlin, 3. Aufl., Berlin, Verl. Wiegandt, Hempel und Parey, 1875

ULBRICHT, W.: Internationale wissenschaftliche Session: 100 Jahre Kapital. Berlin, Dietz-Verl., 1967
WEINSCHENCK, G.: Die optimale Organisation des landwirtschaftlichen Betriebes. Hamburg und Berlin, Verl. Parey, 1964
WEINSCHENCK, G.; HEIDHUES, Th.: Probleme der Betriebsplanung und Betriebsorganisation in landwirtschaftlichen Großbetrieben der UdSSR. In: Agrarwirtschaft 14, (1965a), H. 7, S. 289–300
WEINSCHENCK, G.; HEIDHUES, Th.: Stilwandel der sowjetischen Agrarpolitik? In: Agrarwirtschaft 14, (1965b), H. 9, S. 364–375

Anschrift des Verfassers:
Prof. Dr. agr. Karl-Diether GUSSEK
Sektion Pflanzenproduktion der Martin-Luther-Universität Halle-Wittenberg
– Fachbereich Agrarökonomik und landwirtschaftliche Operationsforschung –
402 Halle, Dr.-Richard-Sorge-Straße 12

Bei Fragen zur Produktsicherheit wenden Sie sich bitte an:
If you have any questions regarding product safety,
please contact:

Walter de Gruyter GmbH
Genthiner Straße 13
10785 Berlin
productsafety@degruyterbrill.com